產區風土歷史和入門賞味指南，新世代威咖的養成專書

WHISKY

ゼロから分かる！ウイスキー&シングルモルト教室

學會品飲威士忌

監修 目白田中屋 店長 栗林幸吉
編輯指導 *JWRC-Master of Whisky* 倉島英昭 譯者 葉韋利

有了威士忌
加入的豐富人生

「目白田中屋」／栗林幸吉

愛上威士忌，真好！我經常忍不住這麼想。

過去做任何事總是半途而廢，也就是人稱三分鐘熱度的我，至今竟然已經從事威士忌相關的工作，持續超過三十年不曾間斷。

是因為威士忌本身多樣化的關係嗎？從事這一行，讓我結識許多出色的人物，而且跨越年齡、職業，從二十多歲到九十多歲都有，包括大學生、公司經營者、廚師、醫生、音樂家、運動員等等。

開心的時候，一大群人圍坐享受美食，暢飲威士忌；難過的時候，雖然提不起興致吃美食，仍會獨酌威士忌。無論歡樂或悲傷的時刻，威士忌總是常在我左右。

回想三十幾年前，自己只說得出寥寥幾種品牌，到了現在，回憶中出現的酒款竟也數不清了。如果有人問我「你喜歡哪一款威士忌」，不誇張，我應該隨隨便便就能列出超過一百款。

如果是長期品飲單一麥芽威士忌的人，應該會贊同我的說法吧！明明每一款的味道都不同，卻沒什麼令人討厭的，反倒喜歡的酒款會不斷增加。

擁有三百年歷史的歐洲酒舖老闆這麼說：「威士忌的文化既廣且深，剛柔並濟。」

來自全球各式各樣的風土，從各種各類的木桶誕生出的味道豐富，從短短兩年到宛如有神靈加持的五十年以上，熟成帶來的莫測高深。即使開瓶之後，仍能長久維持風味，感受得到高濃度酒精的強悍。

除了純飲之外，還可以冷飲、溫飲、加入蘇打水勾兌，甚至做成調酒；適合各種飲用方式，展現包容柔和的一面。

不但酒款多樣化，還有各式飲用方式，所以大家不必擔心，一定能找到適合自己的威士忌，以及適合自己的喝法。

更棒的是，威士忌一方面有溫暖身體的強悍，同時又有慰藉心靈的溫柔。

愛上威士忌，真好……。

真心認同，所以分享。

本書使用方法

〈威士忌介紹頁面〉

說明該頁介紹的品牌、蒸餾廠特色、地理環境、歷史以及釀造理念等等。

推薦酒款。為了說明該品牌的特色，可能會刻意挑選已經絕版或之後預計推出的酒款。

呈現出什麼樣的香氣、味道，是否帶有尾韻，以及由威士忌專家提供的品飲建議。

「目白田中屋」店長栗林幸吉

在創業於 1949 年、內行酒友口中的威士忌殿堂「目白田中屋」擔任店長。曾走訪國內外超過三百間蒸餾廠，試飲過五千種以上的威士忌酒款。至 2021 年已擔任威士忌國際比賽「WWA」評審達 15 年。

第四任 Master of Whisky 倉島英昭

日本東京車站「LIQUORS HASEGAWA」本店店長。在 Whisky Connoisseur 認證考中通過最後難關，取得「Master of Whisky」的稱號。目前是雜誌《Whisky Galore》特約品飲人員，以及 Tokyo Whisky and Spirits Competition 評審。

「CAMPBELLTOUN LOCH」調酒師 藤田純子

從開業時就參與經營有樂町的威士忌酒吧「CAMPBELLTOUN LOCH」，該店堪稱是蘇格蘭威士忌的聖地。曾多次走訪蘇格蘭，並數度於艾雷島威士忌嘉年華聞香競賽中獲獎。

威士忌專家 吉村宗之

在日本 90 年代還不太流行單一麥芽威士忌時，就率先介紹給大眾。除了參與出版相關專書之外，也在各類威士忌活動中擔任講師。目前是酒專「M's Tasting Room」的店長。

雅柏

喜愛煙燻風味的艾雷島威士忌，千萬不能錯過這一款

蘇格蘭／艾雷島〔Ardbeg〕 單一麥芽威士忌

世界上有一群非常熱愛雅柏、無法自拔的威咖，這些人甚至有個專有名詞，就叫做「雅柏幫」（Ardbeggian）；由此可知，這款艾雷島威士忌是多麼有個性。雅柏蒸餾廠位於艾雷島南側，在一處受到大西洋海浪沖刷的小岩岸上。1815年創業，廠齡超過200年的雅柏，過去曾多次獲得全球年度威士忌的獎項。在艾雷島上製作的艾雷島威士忌之中，這一款的煙燻感、鹹味以及碘味都是最強烈的。威士忌評論家吉姆．莫瑞（Jim Murray）曾說，「這是全球最偉大的蒸餾廠，無庸置疑。無懈可擊的美味就是這一款。」要談艾雷島威士忌，當然要先了解這個品牌。

雅柏 10 年〔Ardbeg Ten〕

酒精｜46%　容量｜700ml

香氣｜煙燻　檸檬　香草

味道｜煙燻　青蘋果　大麥麥芽

調性

加冰塊	★★★★☆
水割	★★★☆☆
高球雞尾酒	★★★★☆

我的推薦！

200 年現世的泥煤之王

是歷史上從來沒看過的菌種造成的嗎？即使拿出煙燻香氣在數值上較高的酒款比較，這款帶有魅惑水果風味的煙燻深度仍舊略高一籌。堪稱是單一麥芽威士忌極限、煙燻碘味的王道。

Other Variations

雅柏烏嘎爹（UIGEADAIL）
「UIGEADAIL」是汲取蒸餾用水的那座湖的名稱，在蓋爾語中代表「黑暗、神祕之地」的意思。來自雪莉桶熟成的溫潤甜味特別顯著。 ● 酒精：54.2% ● 容量：700ml

雅柏漩渦（CORRYVRECKAN）
使用以法國橡木桶新桶熟成的原酒，辛香料風味及強勁的味道是一大賣點。 ● 酒精：57.1% ● 容量：700ml

60

用兩道軸線從視覺上呈現「輕盈～渾厚」、「甘口～辛口」的程度。

該款威士忌最適合的飲用方式，是加冰塊？還是兌水？做成高球雞尾酒（high ball）？ 由惠比壽最有歷史的「Bar 五」老闆西川大五郎來評鑑，最高分為五顆星。

倉島英昭的品飲風味雷達圖

木質……木材（木桶）沉穩的風味。

辛香料……辛香料刺激的感覺。

果香……散發宛如果實的甜香與味道。

煙燻……煙燻香氣，有時也稱「泥煤風味」。

穀物……讓人聯想到小麥、玉米片的風味，也稱「麥芽感」。

花香……宛如花朵般高雅、清新的甜味。

（書中部分雷達圖是由栗林幸吉完成）

「香氣」與「味道」的表現

這裡用的詞彙都是來比喻「香氣」與「味道」，威士忌的材料中不可能真的使用到「巧克力」或「黏土」，使用更多描述或是增加詞彙來表達，這也是威士忌酒迷之間的一項樂趣。

詞彙	說明
香蕉	
蜂蜜	
鱉甲糖	（傳統麥芽糖）
楓糖	楓糖漿的香氣
杏桃	杏子風味
洋甘草	
洋梨	
芒果	
木質	木桶風味
木材	鋸木屑的氣味
厚紙板	稍強烈的紙張風味
乾草	
Dry	不甜的口感 *
大麥麥芽	
麥芽	
麥芽糖	麥芽風味＋甜味
白花	不會過甜或過於強烈的花香
優格	
穀物	穀物香，類似麥香。
香草	
奶油	
牛奶糖	
白桃	白肉種的桃子
黃桃	黃肉種桃子，甜味比白桃淡一些
蘭姆酒葡萄乾	蘭姆酒醃漬葡萄乾的風味
柳橙	進口柳橙的感覺
橘子醬	
柳橙皮	乾燥的柳橙果皮
葡萄柚	
檸檬	
柑橘	
鳳梨	

* 書中同時會以「辛口」的形容表現風味。

- 森林
- 植物
- 海藻
- 青草香　宛如青草的風味
- 青蘋果
- 香草
- 薄荷
- 哈密瓜
- 海風
- 鹽味　鹹味
- 藥品
- 莓果類　草莓、蔓越莓
- 覆盆子
- 櫻桃
- 無花果
- 百香果
- 荔枝
- 蘋果
- 黑醋栗
- 堇菜
- 葡萄
- 葡萄乾
- 李子
- 花香
- 花
- 花園
- 玫瑰
- 煙燻　類似煙燻的焦香味
- 黏土
- 焦糖
- 餅乾
- 烤吐司
- 全麥麵包　帶點酸味的麵包
- 黑糖麵包　麵包＋黑糖的濃醇感
- 鬆餅
- 蘋果派
- 肉桂
- 薑　薑的辛辣感
- 果乾
- 根莖類　蕪菁、紅蘿蔔、蓮藕一類
- 丁香　著名的辛香料
- 洋茴　茴香草的風味
- 堅果
- 榛果
- 杏仁
- 核桃
- 橡木
- 英國家具　使用天然材質的高級家具
- 巧克力
- 可可豆
- 熱可可
- 可可牛奶
- 椰子
- 油脂　帶有油脂感、濃醇、濃厚
- 皮件　感受到皮革的氣味
- 黑土
- 黑糖
- 辛香料
- 胡椒

【前言】有了威士忌加入的豐富人生 02
本書的使用方法 04
「香氣」與「味道」的表現 06

CHAPTER

01

威士忌的入門基礎

CHAPTER 02

找出合拍的威士忌

CHAPTER 03

蘇格蘭威士忌——全球銷量七成的驚人占比

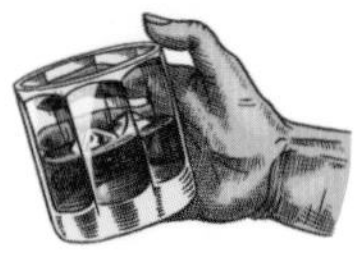

CHAPTER 06

威士忌的製程

CHAPTER

01

威士忌的入門基礎

無論是對於威士忌、單一麥芽威士忌想了解更多，
或是還不太認識的人，
都可以在本篇學到酒類的基礎知識，以及如何品飲的小竅門，
就讓我們從零開始一起進入威士忌的世界！

認識威士忌

首先，讓我們先簡單說明「什麼是酒？」

微生物酵母菌（做麵包時也會用到）會分解糖分，產生酒精和二氧化碳，這個過程就是「發酵」，而含有酒精的飲料，即為「酒」。根據日本的酒稅法，將酒精濃度1度（含量1％）以上者定義為「酒」。（註）

此外，世界各地的酒又可依照製作方式分成下列三大類。

- **製作酒：**經由酵母菌發酵後直接飲用的產物，酒精濃度最高約在20％左右。
- **蒸餾酒：**經過蒸餾——也就是加熱後讓水分蒸發分離所得到的酒，酒精濃度較高，即使高達40～60度者也不少見。
- **混合酒：**在製作酒或蒸餾酒之中加入水果、香料或糖等副原料製成。例如，加入梅子、砂糖醃漬釀製的「梅酒」。

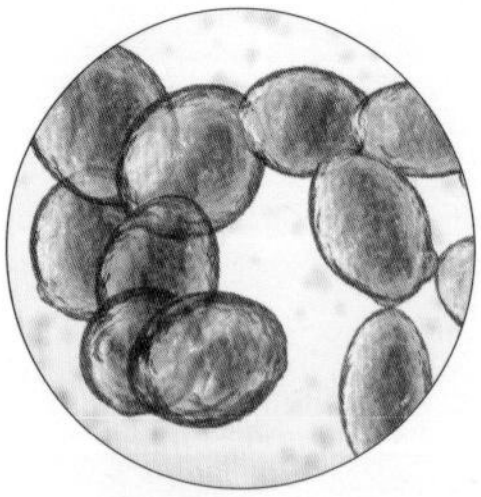

▲ 酵母菌

▲ 製作葡萄酒的發酵過程。

▼ 小型酒精蒸餾器，最後只有經過蒸發的液體會流到右側容器。

▼木桶的顏色會隨著時間逐漸融入威士忌之中。

▲莓果利口酒（一種混合酒）。

在這三個分類中，威士忌屬於蒸餾酒的一種。事實上，威士忌必須要符合下列三項要件。

（1）必須是蒸餾酒。

（2）必須使用大麥、裸麥、玉米等穀類為原料。

（3）必須貯藏於木桶內，經過熟成。

蒸餾與熟成的工程，大致都會在同一個地點進行，即蒸餾廠。透過在木桶中「熟成」，加深威士忌的風味，酒色在剛蒸餾後是無色透明，經過桶陳後逐漸轉為琥珀色。

至於需要熟成多長的時間，目前並沒有全球統一的標準。不過，在威士忌的發源地英國有法律明訂，根據英國的「蘇格蘭威士忌法規」，蘇格蘭威士忌的條件之一是必須「經過三年以上熟成」。在日本雖然沒有相關法律，但日本洋酒酒造組合在二〇二一年也訂出規則，若要稱為「日本威士忌」，其中一項要件即為「必須在日本國內貯藏三年以上」。

註——台灣法規的酒類定義為「含酒精成分以容量計算超過0.5%之飲料、其他可供製造或調製上項飲料之未變性酒精及其他製品」。

酒類基礎
入門課

蒸餾酒

雖然也稱為**烈酒（spirits）**，但通常講到烈酒時，並不包括威士忌和白蘭地。蘭姆酒、威士忌、白蘭地等這類酒精濃度高的蒸餾酒，也會稱為**「hard liquor」**。

威士忌

酒精濃度 約 40 ～ 60%

蘇格蘭威士忌（Scotch）指的是英國蘇格蘭產的威士忌。波本威士忌（Bourbon）則是美國產的一種威士忌。

燒酎

酒精濃度 約 25%

原料多元，包含米、芋、黑糖、馬鈴薯等等。

泡盛

酒精濃度 約 30 ～ 40%

以米為原料，產自琉球群島的蒸餾酒。

白蘭地

酒精濃度 約 40 ～ 50%

原本是葡萄酒的蒸餾酒。干邑白蘭地是在法國干邑地區製作的高級白蘭地；雅瑪邑白蘭地則產自法國雅瑪邑地區。

琴酒

酒精濃度 約 40 ～ 50%

以穀類、薯芋等原料為基底製作烈酒後，加入以杜松子為主的多樣藥材香草增添風味、再次蒸餾後的產品。

蘭姆酒

酒精濃度 約 40%～

以甘蔗糖蜜或榨汁為原料，蒸餾後貯藏於木桶內熟成，主要產地為加勒比海地區。

伏特加

酒精濃度 約 40%～

以薯芋類、麥或玉米等穀物為原料製作，蒸餾後經過白樺木木炭過濾而成，是俄羅斯的國民酒類。

龍舌蘭酒

酒精濃度 約 40%

以龍舌蘭屬植物的莖為原料，製作出的墨西哥蒸餾酒。

威士忌、琴酒、伏特加、蘭姆酒、龍舌蘭、白蘭地，為目前公認的雞尾酒六大基酒。

製作酒 藉由酵母菌讓原料發酵之後，直接飲用的酒類。

日本酒 酒精濃度 約 15%

主要原料為米、米麴、水，在日本酒稅法的分類上通稱為「清酒」。清酒根據精米步合及特色分為吟釀酒、大吟釀酒、純米酒、本製作酒等。亦可根據製作方式的特色分為原酒、生酒、樽酒、古酒、貴釀酒等。此外，相對於清酒來說，未經過過濾者則稱為「濁酒」。

馬格利酒 酒精濃度 約 6～8%

以米為原料的朝鮮半島傳統酒類。

蘋果酒 酒精濃度 約 2～8%

蘋果發酵釀製的酒，著名產地為法國等地。

蜂蜜酒

酒精濃度 約 7～15%

又稱為 honey wine。

葡萄酒 酒精濃度 約 10～15%

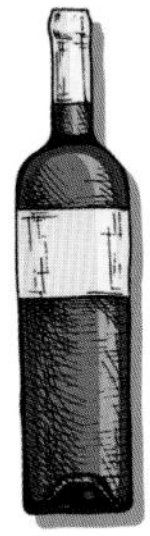

一般用帶皮紅葡萄果汁製作的稱為「紅酒」，用去皮白葡萄製作的則是「白酒」（至於「粉紅酒」，一般會使用紅葡萄製作）。如果是二氧化碳含量高的就是「氣泡酒」，產自法國香檳區的氣泡酒即為「香檳」。

黃酒 酒精濃度 約 14～18%

以米為原料的中國製作酒，最具代表性的就是紹興酒，經過長期熟成的黃酒則稱「老酒」。

啤酒、發泡酒 酒精濃度 約 4～5%

每個國家的標準不同，但一般會根據原料與麥芽的比例，區分成啤酒或發泡酒。至於和啤酒、發泡酒採取不同原料與製程製作出的啤酒風味酒精飲料，則稱為第三類及第四類啤酒。

混合酒 在製作酒或蒸餾酒中加入副原料製成，也稱為再製酒。

雪莉酒 酒精濃度 約 15%

在製作白酒的過程中添加酒精（其中一種方式），提高酒精濃度。

合成清酒 酒精濃度 約 10～16%

在酒精裡加入糖類、胺基酸、食鹽等，調製出類似清酒的風味。。

香艾酒 酒精濃度 約 14～20%

桑格麗亞（西班牙水果酒）

酒精濃度 約 6%

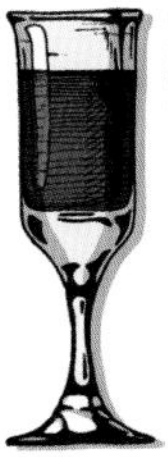

兩者皆為在葡萄酒中加入香草、香料調和，屬於調味葡萄酒的一種。

味醂 酒精濃度 約 13%

原料為燒酎（或製作酒精）、糯米、米麴。

威士忌的三大類型

▲ 大麥

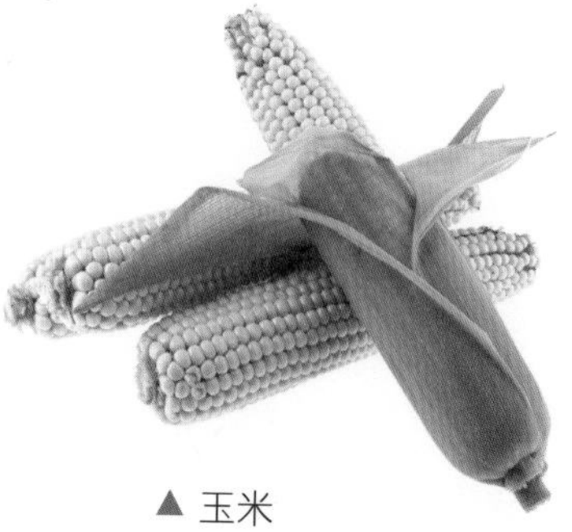

▲ 玉米

威士忌也分成很多種，首先針對最基本的知識——不同原料的區分方式來說明。

- **麥芽威士忌**：以發芽的大麥麥芽為原料釀製而成，風味明顯，較有個性。
- **穀物威士忌**：主要使用玉米、裸麥等，以穀物為主要原料製作的威士忌，味道相對清爽，容易入口。
- **調和威士忌**：麥芽與穀物混合而成的威士忌。要是有人以為可以隨便混搭，那就大錯特錯了！調和威士忌是藉由組合多種原酒，調製出多層次味道，讓整體變得更加順口易飲。至於調和的比例，必須由具備豐富知識和經驗的專業人士、調酒師來決定。

▲ 大麥麥芽（malt）

什麼是單一麥芽威士忌？

在麥芽威士忌之中，若只使用同一個蒸餾廠的麥芽原酒來製作，就稱為單一麥芽威士忌。由於這類酒通常會強烈展現出各個蒸餾廠的特色，多款比較品飲格外有趣，因此，現在單一麥芽威士忌獲得很多酒友的喜愛。

要更講究的話，則是「單桶威士忌（single cask）」，即使是同一蒸餾廠也不會將其他桶原酒調和在一起，不進行均質，僅將單一木桶內的原酒直接裝瓶。不過，這類商品相對稀少。

換句話說，最小單位是單桶威士忌，將多個單桶威士忌在同一蒸餾廠中調和，就成為「單一麥芽威士忌」。當單一麥芽威士忌或單桶威士忌和其他蒸餾廠的麥芽原酒混合時，則成了「調和麥芽威士忌」。如果加入穀物威士忌，則不再用「麥芽」一詞，僅稱為「調和威士忌」。

順帶一提，「純麥威士忌」一詞只在強調是百分之百以麥芽為原料，是行銷宣傳上的用語，無論單一麥芽威士忌或調和麥芽威士忌，兩者都適用。

來自單一木桶的，
是單桶威士忌。

來自單一蒸餾廠的，
是單一麥芽威士忌。

WHISKY KNOWLEGDE

全球主要威士忌產區

蘇格蘭、愛爾蘭、加拿大、美國、日本——這五個國家製作的威士忌，目前通稱為「全球五大威士忌」，以下先分別介紹各國的威士忌特色和常見品牌。

蘇格蘭威士忌

全世界產量最多的地區，就是蘇格蘭產的威士忌，特色是泥煤香氣。烘烤大麥麥芽時，會燃燒「較原始的煤炭」，也就是泥煤，威士忌製作完成之後那股氣味仍會殘留。至於這股氣味是否是「香氣」則見仁見智，但這就是蘇格蘭威士忌特殊的「煙燻風味」。

常見品牌 約翰走路（Johnnie Walker）、麥卡倫（The Macallan）、百齡罈（Ballantine's）等。

艾雷島威士忌

蘇格蘭威士忌的一種（將在第二章詳細介紹），蘇格蘭威士忌的產地分成六大區，產自艾雷島地區的就是艾雷島威士忌（別跟愛爾蘭產的威士忌搞混了）。

獨立裝瓶廠威士忌

自蒸餾廠收購原酒，自行熟成、裝瓶後銷售，這類業者稱為「獨立裝瓶廠」（Independent Bottler，簡稱 IB），所生產的威士忌就稱為「獨立裝瓶廠威士忌」。事實上，這類威士忌比原廠裝瓶（Official Bottle，簡稱 OB，蒸餾廠直接推出的商品）威士忌的種類還多。

威爾斯威士忌

指在英格蘭西側威爾斯地區製作的威士忌。目前雖然持續製作，但曾在 1894 到 2000 年之間中斷過。

愛爾蘭威士忌

產自愛爾蘭的威士忌，也包括英國領地的北愛爾蘭地區。除了幾個品牌之外，多半和蘇格蘭威士忌不同，不使用泥煤，熟成時間也較短，味道清爽易飲。事實上威士忌發源地的說法，愛爾蘭要比蘇格蘭來得更有力。

常見品牌 尊美醇（Jameson）

壺式蒸餾威士忌

以愛爾蘭特殊製法製作的威士忌，原料中也會使用未發芽的大麥。相對於蘇格蘭威士忌基本上需進行兩次蒸餾的方式，愛爾蘭威士忌則是以三次單式蒸餾為原則。又稱為「單一壺式蒸餾威士忌」或是「純壺式蒸餾威士忌」。一般認為偏滑順、帶「油脂感」的喉韻、口感。

WHISKY ／ WHISKEY

威士忌在英文裡有兩種拼法，一般而言，如果偏向蘇格蘭的會用「WHISKY」，偏向愛爾蘭的則會用「WHISKEY」，但實際上未必一定如此。

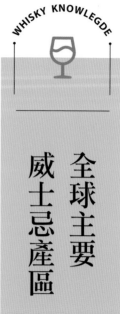

日本威士忌

產自日本的威士忌，包括蒸餾等製程必須全部都在日本國內進行。雖然會使用進口原料，但不得混入進口的原酒。

過去常見品牌 角瓶、RED、OLD、ROYAL、TORYS（三得利）、Super NIKKA（NIKKA）、ROBERT BROWN（KIRIN）

近期常見品牌 響、山崎、白州（三得利）、竹鶴、鶴（NIKKA）、富士山麓（KIRIN）

世界調和威士忌

使用日本國內、外的原酒，在日本國內調製的調和威士忌。

工藝威士忌

沒有明確的定義，以一般認知而言，就是少量生產且能忠實反映出釀酒人的理念與個性的威士忌；過去在日本也稱為「產地威士忌」。

常聽到的品牌 Ichiro's Malt（Venture Whisky）

米威士忌

以米為主要原料，藉由麥芽糖化發酵後，經過蒸餾、熟成的威士忌（本書中並不會詳細介紹）。

台灣威士忌

近年來受到極高評價，甚至已有竄升至「全球第六大威士忌」之勢。

泰國威士忌

產自泰國的蒸餾酒，目前僅為增添威士忌風味香氣的燒酎類。

加拿大威士忌

全球產量第二的威士忌就是在加拿大，其大多屬於調和威士忌，因此是五大威士忌之中酒質最輕盈的，但也有人評論「味道清淡，沒什麼香氣與特色」。

常見品牌 加拿大俱樂部（Canadian Club）

美國威士忌

產自美國的威士忌，原料多半使用的是玉米而非大麥麥芽，特色是味道甜美圓潤，有濃郁的木桶香氣。

波本威士忌

美國威士忌的一種，主要產地以肯塔基州（箭頭處）波本郡為主，原料中有51%以上是玉米。

常見品牌 金賓（Jim Beam）、野火雞（Wild Turkey）、I.W.哈伯（I.W.Harper）、美國時代（Early Times）

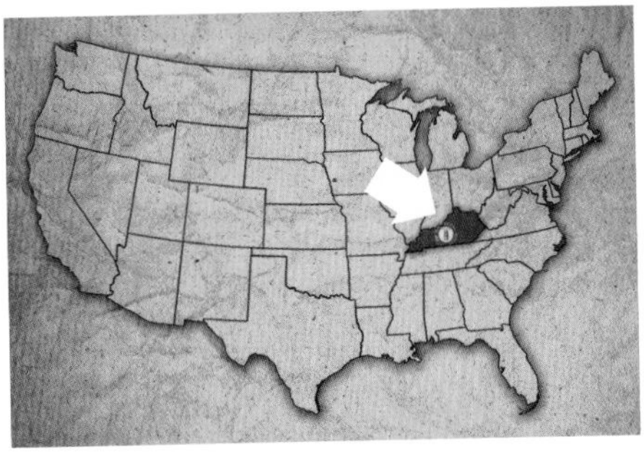

田納西威士忌

田納西州就在肯塔基州的南邊，這裡製作的威士忌就是田納西威士忌。與波本威士忌的差異，在於田納西威士忌的原酒在裝桶之前會先以糖楓木炭過濾。

常見品牌 傑克丹尼（Jack Daniel's）

玉米威士忌

原料中有超過 80%使用玉米釀製的威士忌，不需要熟成就能出貨。

小麥威士忌

原料中有超過 51%為小麥的威士忌，如果使用裸麥的話，則是裸麥威士忌。

威士忌的品飲方式

1

水割、加冰塊

威士忌這種怡情助興的飲品，雖然沒有一定要怎麼喝才對的規定，但仍有一般常見的習慣，接下來就介紹最基本的喝法和小訣竅。

純飲（Straight）

不加水也不加冰塊，直接飲用。至於一次倒多少量，當然隨各人喜好，但一般在酒吧裡每次提供單份。通常具有香氣的單一麥芽威士忌，或是經過長期熟成的威士忌都推薦這種喝法。不過，根據田中屋．栗林店長的建議，不妨滴入一點常溫水（幾滴即可），這麼一來，能讓香味更加明顯。

從杯底量起一根手指頭的高度就是單份（one finger）約30ml，兩根手指的高度就是雙份（two finger）。

加冰塊（on the rock）

調和威士忌或熟成時間較短的威士忌，都建議這種喝法：先在杯子裡加入大顆冰塊，再倒進適量威士忌輕輕攪拌。重點在於溫度要夠低，無論杯子或是冰水，一定要先冰到涼透。此外，既然要享受美酒，最好連冰塊也要講究。不建議使用自來水做的冰塊，因為自來水做的冰塊融化得快，酒的味道一下子就變淡了。市面上現成的冰塊，一公斤兩、三百日圓就找得到。

威士忌與水量一比一調製的喝法，就稱為 half rock。

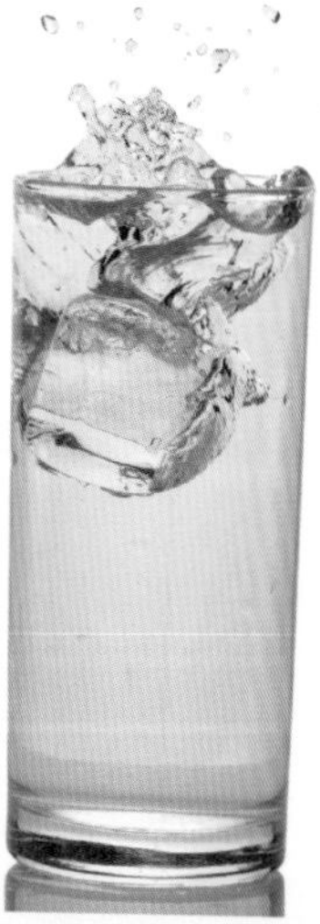

醒酒水（Chaser）

Chaser 英文直譯是「追趕者」，如果想更加享受純飲威士忌的樂趣，就需要醒酒水。在飲酒過程中不時含一口冰涼的礦泉水，洗去口中的香氣，保持清新感。

不過，醒酒「水」也不限於水，像是蘇打水、薑汁汽水、鮮奶都可以，甚至有些行家還會用咖啡、啤酒。此外，有些人會準備蔬菜棒，其實是當作 chaser 而非下酒小菜。

等比例水割（twice up）

在酒杯裡倒入適量威士忌，再加入與威士忌等量的常溫天然水，比例為一比一，不加冰。
要了解威士忌的香氣，這是最理想的喝法，很多內行人和專家都推薦這種方式，單一麥芽威士忌或長期熟成的威士忌都很適合這種喝法，最好能用有腳的酒杯來嘗試。

水割（加水）

基本上的比例是威士忌 1 份兌礦泉水 2 ～ 3 份。
至於使用的水，軟水要比硬水來得理想。購買礦泉水時可以看瓶身的成分標示「硬度：約● mg ／ L」的項目，請挑選數字不到 100 的。日本的自來水硬度約 60，雖然也是軟水，但為了追求良好的味道，還是盡量避免使用。這種喝法，適合調和威士忌或是熟成年分較短的威士忌。

熱威士忌（湯割）

將適量威士忌倒入杯中，再加入大約三倍量的熱水，輕輕搖晃，香氣會變得更強烈。
還可以加點檸檬、萊姆這些柑橘類，或是肉桂棒、丁香、羅勒之類的香草，另外很多果醬搭起來也很適合，是一種富有多種樂趣的喝法。

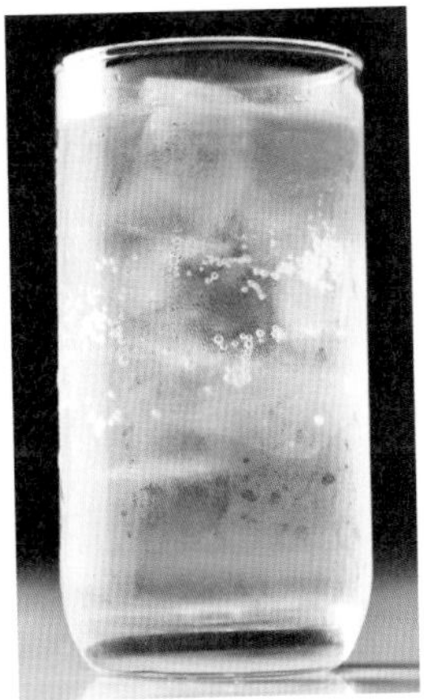

漂浮威士忌

這種喝法能在同一杯裡享受到味道變化的樂趣。先將冰塊放入酒杯裡，然後加入一半的水，用攪拌棒或是湯匙幫忙，緩緩倒入少量威士忌，盡量讓威士忌像是浮在水面上，不要混入水裡。
至於水：威士忌的比例，大概是 7：3 到 6：4，可以讓威士忌漂浮是因為威士忌的比重稍微小於水。

加碎冰（mist）

mist 是「霧」的意思，也就是在玻璃杯壁上附著一層如白霧的水滴，酷熱的夏天最適合這種喝法，在酒杯中加入大量碎冰，再注入適量威士忌。比起單一麥芽威士忌或是波本，調和威士忌和熟成年分較短的威士忌更適合這種喝法。

— 氣泡類 —

高球雞尾酒（High ball）

威士忌兌蘇打水（沒有甜味的氣泡水），基本上以威士忌 1，蘇打水 2 ～ 3 的比例即可，這種喝法讓威士忌在原本的風味中更添爽快，令人想大口暢飲。蘇打水也有軟水與硬水的差別，通常選軟水就不會錯。如果有檸檬或萊姆，也可以加幾滴這類柑橘果汁。這種喝法適合熟成年分較短或是價格較經濟實惠的威士忌。

薑汁 high ball

即使同樣都是薑汁汽水，WILKINSON 這個品牌就比 Canada Dry 來得不甜，用來兌威士忌就會做成略帶刺激感的薑汁 high ball。因此，推薦風味稍微濃郁的日本產薑汁汽水。

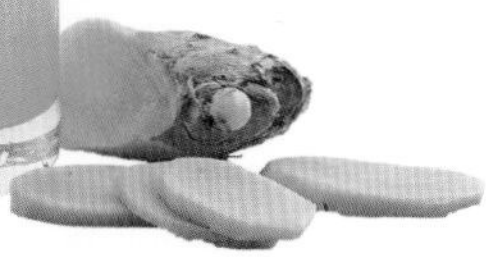

可樂 high ball

用可口可樂取代蘇打水兌威士忌，就成了可樂 high ball，比例上仍舊是 1：3 或 1：4。其他像是薑汁汽水、蘋果西打、雪碧、檸檬汽水等，總之有味道的氣泡飲料經常都會拿來兌威士忌，而且很搭，芬達橘子味道也能讓威士忌變得更易飲。不過百事可樂還有零卡可樂的味道，在搭配上就有點難度。

威士忌的品飲方式

2

簡易居家調酒

蘇打水、可樂、番茄汁，甚至鮮奶，許多飲料加入威士忌都會激盪出意想不到的美味。理想的比例各有不同，但如果要訂出通用的參考標準，大概是「1比3」。

－ 果汁類 －

兌番茄汁

威士忌與番茄汁比例也是 1：3 ～ 4，這是在居酒屋裡常見的喝法。或許有些人會感到意外，但其實番茄汁跟各種酒類都很好搭，和威士忌也相當合拍。另外，也可以加入蘇打水，就成了番茄 high ball 的喝法。

兌柳橙汁

威士忌兌果汁類飲料時，一般多以 1：3 ～ 1：4 的比例為準。選用時建議使用 100％果汁，不要有多餘的甜味比較好，柳橙汁或葡萄柚汁都很搭，也有人喜愛蘋果汁，在威士忌裡加一點點可爾必思也很好喝。此外，兌了果汁後再加點蘇打水也不錯。如果有檸檬或萊姆，也可以加幾滴這類柑橘果汁。這種喝法適合熟成年分較短或是價格較經濟實惠的威士忌。

－ 其他 －

兌鮮奶（Cowboy）

威士忌與鮮奶比例大約是 1：3，也可以加一點點砂糖。這兩個元素非常搭調，不會打架，鮮奶能將威士忌特殊的香氣與酒精感變得更柔和。

兌咖啡

先在杯子裡倒入大約七分滿的咖啡，再補上約單份威士忌。這一款喝熱的或冰的都很棒，會在威士忌的尾韻加上咖啡的苦澀。標準調酒——愛爾蘭咖啡，會在最上方擠鮮奶油。

兌啤酒

威士忌與啤酒比例上大概是 1：2.5，威士忌以波本類的最適合，有名的調酒「深水炸彈（Boilermaker）」就是這樣做。

兌梅酒

威士忌與梅酒比例上是 2：3，喝起來有股甜潤，加上清爽口感；再加一點蘇打水就成了梅子 highball。

兌綠茶

一般瓶裝茶就可以，威士忌與綠茶比例大約是 1：3，後味清爽，是一款很適合搭配日式飲食時的喝法。因為選用茶款來兌威士忌，有時候喝起來或許感覺有澀味，這時可以加點水來緩和。

兌紅茶（威士忌紅茶）

用茶包預先沖好熱紅茶，加到威士忌裡一起喝（威士忌約單份的量），當然，也可以加糖，這是一種廣受歡迎的喝法。

威士忌的品飲方式

3

專業調酒

這一篇將介紹幾款以威士忌為基底，在酒吧裡常見的經典調酒。每一款都附上酒精濃度以及大致的製作比例，但實際上每間店的配方各有不同，純粹當作參考。

Bourbon Buck

「Bourbon Buck」是夏季清爽的經典調酒。先在玻璃杯裡加入冰塊，以波本威士忌 2：檸檬汁 1 的比例，再加入適量薑汁汽水，輕輕攪拌，最後在杯口點綴檸檬片。波本特有的甜香和薑汁汽水帶點刺激的感覺，非常搭調。

酒精濃度 約 10%

曼哈頓（Manhattan）

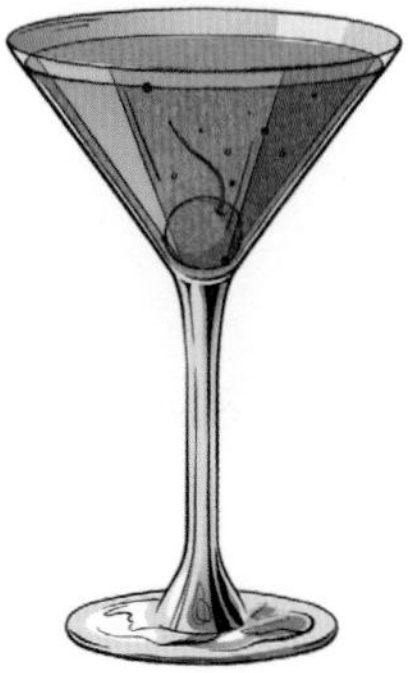

被稱為「調酒女王」，因出現在瑪麗蓮．夢露的電影中而聞名。酒譜為威士忌 2：香艾酒 1，再加入 1 滴安格仕苦精，倒入攪拌杯後攪拌均勻，倒入冰鎮後的雞尾酒杯，在杯底放一顆紅櫻桃裝飾，威士忌通常會使用加拿大威士忌。

酒精濃度 31%

鏽釘（Rusty Nail）

在加入冰塊的寬口杯裡倒入威士忌和蜂蜜香甜酒，比例大約是 3：1，攪拌均勻。蜂蜜香甜酒是在蘇格蘭威士忌中加入蜂蜜、香草或辛香料調製而成的利口酒，因此用這個來調酒時，基底當然還是選用蘇格蘭威士忌最搭調。

酒精濃度 約 39%

古典雞尾酒（Old Fashioned）

依照大眾喜愛的味道調製而成，正如其名，是一款懷舊風格的調酒。在寬口杯裡先加入方糖，撒上幾滴安格氏苦精滲入方糖，接著加冰塊、波本威士忌，最後用柳橙片、檸檬片或萊姆片裝飾。

酒精濃度 36%

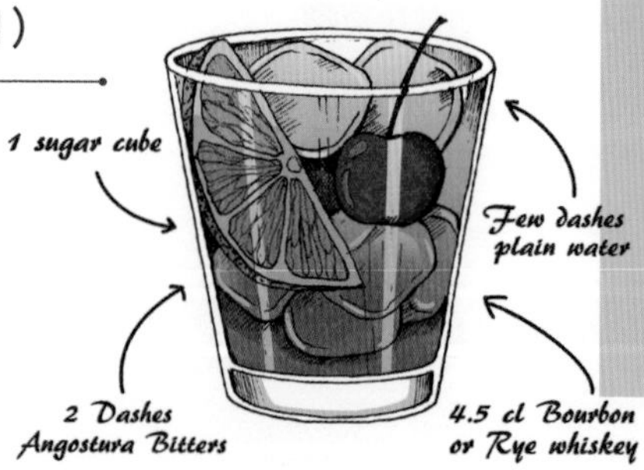

羅伯洛伊（Rob Roy）

相傳為 1894 年在紐約華爾道夫飯店的侍酒師首先調製，比例為蘇格蘭威士忌 2：香艾酒 1，再加幾滴安格式苦精，加入攪拌杯中攪拌，倒入雞尾酒杯中，最後放一顆紅櫻桃裝飾。

酒精濃度 32%

薄荷朱利普（Mint Julep）

這款酒曾出現在電影《007 金手指》。在玻璃杯中加入砂糖和幾片薄荷葉，然後倒入一點點水。將薄荷葉搗碎同時將砂糖溶開，接著加入大量碎冰，倒入波本酒後攪拌，最後再放上裝飾的薄荷葉。比例為水 1：威士忌 2，這款調酒充滿清涼感，最適合炎炎夏日。

酒精濃度 約 30%

教父（Godfather）

1972 年電影《教父》上映不久之後，在紐約就有人以原著小說為靈感，構思出這款調酒。在加入冰塊的寬口杯中以蘇格蘭威士忌 1：杏仁酒 1 的比例注入，攪拌均勻。由於教父的人設是義大利裔移民，因此使用產自義大利的杏仁利口酒。

酒精濃度 約 35%

愛爾蘭咖啡（Irish Coffee）

在前一頁介紹過，威士忌很適合搭配咖啡。在耐熱玻璃杯裡加入砂糖，倒入略濃的咖啡七分滿，加入愛爾蘭威士忌輕輕攪拌，最後在上方擠鮮奶油。這是在酷寒的愛爾蘭想出來的甜甜熱飲，可以讓身體從裡到外暖起來。

酒精濃度 約 18%

波本側車（Bourbon Sidecar） 酒精濃度 約 26%

這款酒是使用雪克杯製作的短飲型調酒基本款。「側車」原本是以白蘭地為基酒的調酒，但也可以用波本酒當作基底。以波本威士忌 2：白庫拉索 1：檸檬汁 1 的比例，和冰塊一起加入雪克杯搖盪後倒入雞尾酒杯。

威士忌酸酒（Whisky Sour） 酒精濃度 約 25%

以威士忌 2：檸檬汁 1 的比例，再加入少量糖漿，以雪克杯搖盪均勻後，倒入玻璃杯並加上檸檬和櫻桃裝飾。

威士忌的品飲方式

4

嘗試不同的喝法並比較

加冰、水割、高球雞尾酒——在找到一、兩種適合自己的喝法之後，接下來可以用「比較品飲」的方式，找到更貼近喜好的威士忌。

比方說加冰塊的喝法，一般認為以調和威士忌最適合。因為多種原酒混合而成的調和威士忌，在冰塊融化、酒精濃度逐漸改變時，不同原酒的特徵會跟著顯現，就能慢慢享受其中的變化，簡直就像是酒杯中的萬花筒。

當然，調和威士忌有許多種，要多方嘗試，找出自己覺得更好喝的。這麼一來，喜歡的酒款就會逐漸增加。

或許有時候買了一整瓶，卻發現「唉

第1名 百齡罈（Ballantine's）17年

第2名 百富（The Balvenie）12年雙桶

第3名 山崎（Yamazaki）

— 加冰塊 —

第1名 雲頂（Springbank）18年

第2名 高原騎士（Highland Park）18年

第3名 波摩（Bowmore）18年

— 純飲 —

呀～不合口味！」遇到這種狀況時，可以試著找找看有沒有適合這瓶威士忌的喝法。即使再糟糕，通常加入薑汁汽水或是兌可樂喝，都還有救。（建議參考前面的品飲方法，依照熟成年份或是否為調和威士忌來加入適合的 chaser）

話說回來，倒也不用急急忙忙跑去買可樂等醒酒水，畢竟威士忌這類蒸餾酒不會壞掉，只要拴緊瓶蓋，放在避免直射日光的地方就可以，也不需要放進冰箱。

這裡依照不同的飲用方式來推薦適合的品牌酒款。當然，僅作參考並非通用，因為就算同一款威士忌，有人喝起來覺得濃，有人覺得淡如水，包含對於味道的感受，見仁見智。

喜歡哪一款？喜歡怎麼喝？追求適合自己的喝法，自己喜歡的品牌酒款，這也是享受威士忌的樂趣之一。

第1名 格蘭利威（The Glenlivet）12 年

第2名 響 Japanese Harmony

第3名 起瓦士（Chivas Regal）18 年

— 水割 —

第1名 白州（Hakushu）

第2名 斯卡帕史桂倫（Scapa Skiren）

第3名 格蘭傑（Glenmorangie）

— 高球雞尾酒 —

WHISKY KNOWLEGDE

品飲時，酒杯該如何挑選？

想要好好享用威士忌，該挑選什麼樣的酒杯呢？看你是純飲派，還是高球雞尾酒派，當然會因為不同喝法而有不同的選擇考量。

推薦杯款時，無論什麼樣的酒杯，原則上要挑選杯口玻璃較薄的種類。即使飲用日本酒或啤酒也一樣。杯口薄，喝起來會覺得更美味。如果有人擔心薄玻璃杯的耐久度，不如平常好好收藏，只在享受品飲時再拿出來使用。

— 給純飲派的推薦 —

品酒杯（Testing Glass）

在試飲會上經常會用到，杯身呈鬱金香型，可以充分感受香氣，杯口較薄，端的時候若持杯腳，就不會讓多餘的熱（體溫）傳到杯子裡；相反地，握著杯身就能讓熱傳到杯子裡。此外，也能像拿著葡萄酒杯一樣搖晃，讓酒液接觸空氣等等，實在是一款多功能的杯子。不僅純飲，就連等比例水割或是多杯比較品飲時，都很適合。

— 給高球雞尾酒派和水割派的推薦 —

（啤酒用）金屬保冷杯

推薦金屬材質的保冷杯，尤其保冷能力很強的鈦金屬製啤酒杯。最近，愈來愈多人喜歡嘗試冰凍高球雞尾酒這種喝法。先把酒杯、整瓶威士忌都放進冷凍庫裡冰到零度以下，再做成高球雞尾酒來喝（威士忌放進一般家庭用的冰箱冷凍庫並不會結冰，不過要留意外表冰凍的金屬材質保冷杯，在拿的時候可能會黏住手指）。保冷杯也有形形色色不同款式，但仍舊不推薦杯口太厚的類型。

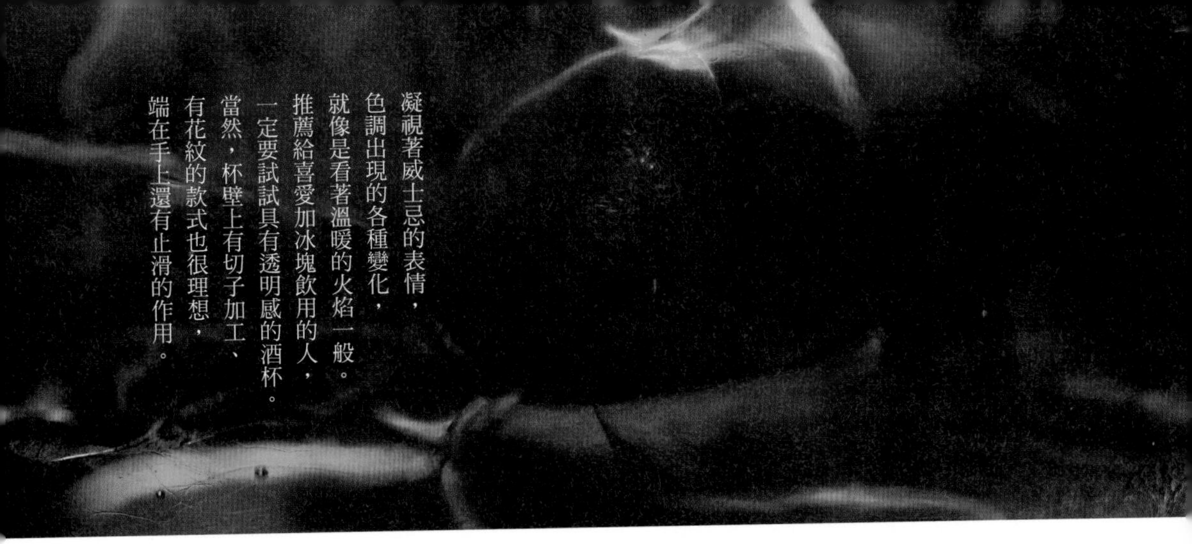

凝視著威士忌的表情，
色調出現的各種變化，
就像是看著溫暖的火焰一般。
推薦給喜愛加冰塊飲用的人，
一定要試試具有透明感的酒杯。
當然，杯壁上有切子加工、
有花紋的款式也很理想，
端在手上還有止滑的作用。

— 給加冰塊派的推薦 —

寬口威士忌杯

別名為經典威士忌杯，厚實且穩定的感覺，很適合放入大顆冰塊。百分之百忠誠的加冰塊派，一定隨時都會在冰箱裡放酒杯，也可以在這層考量下挑選形狀與大小適合的款式。

如果是耐熱玻璃材質，比較不會因為冷卻而有太大的溫度變化，而較厚的普通玻璃杯因對於溫度變化較不敏銳，降低因冷卻而破裂的風險。

製冰球盒

正統的酒吧有時候會用冰球。冰球和以等量水結成的 4 顆立方體的冰塊相比，表面積是四分之三，因此比較不易融化。現在市面上有很多製冰球盒，讓大家在家裡也能輕鬆製作出冰球。只要在家中常備一個，喝冰咖啡時也用得到。

WHISKY KNOWLEGDE

不出錯的威士忌餐酒搭

威士忌適合搭配什麼樣的料理或下酒菜來享用呢？

由於威士忌的酒精濃度比較高，一般印象中大多覺得要在餐前、餐後，搭配堅果類、乳酪或果乾等。但其實威士忌是一款容易調節酒精濃度、飲用溫度範圍很大的酒類，和各種料理都能搭配得很好。

比方說，中式餐點可以搭配水割或兌熱水的調和威士忌，異國料理則推薦加了蘇打水的波本或愛爾蘭威士忌。

清淡的日本料理適合加冰塊或是水割的調和威士忌，如果是天婦羅這種油炸料理或是烤魚，搭配加了蘇打水的威士忌非常棒。另外，日本威士忌裡頭有不少是以「搭配和食」的概念來製作，可以挑選的範圍滿廣泛。

炸雞塊

高球雞尾酒加上炸雞塊可說是最強組合。話說回來，炸雞塊本來就很適合搭配氣泡類的飲料，因為氣泡可以消除口中的油脂。同樣的道理，也有人會用高球雞尾酒來搭配披薩以及帶有肉汁、油脂的香腸。

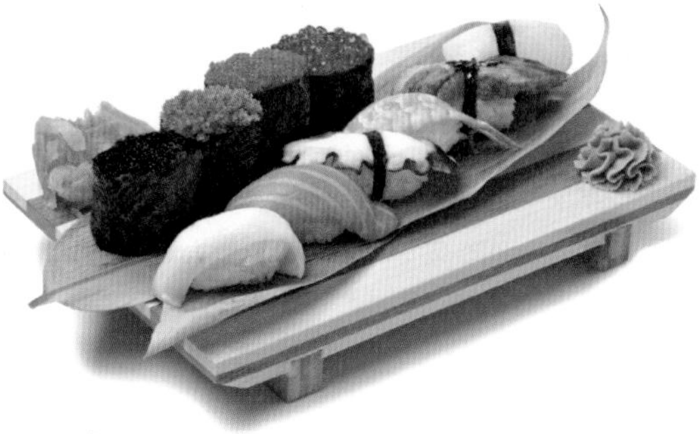

壽司

像生魚片或是壽司這類清淡且細緻的料理，搭配柔和且味道均衡的調和威士忌加冰塊、水割或兌蘇打水，其實比想像中來得更適合。此外，和單一麥芽威士忌也很搭調。

串燒

用帶有泥煤香氣的威士忌做成高球雞尾酒，或是水割的波本，都很適合搭配串燒的焦香味。串燒之中，又以醬燒雞肝和油脂豐富的七里香最搭威士忌。此外，帶有辛辣香氣的泰斯卡（Talisker）10 年也能讓串燒的變得更加美味。

蘋果派

甜點不只能搭咖啡、紅茶，用威士忌搭配巧克力、甜點，更是另有一番美味。像蘋果派這類帶有濃郁果香的甜點，挑一款甜味與俐落尾韻平衡、帶有強烈麥芽味的威士忌，一定很適合。

牡蠣

其實海鮮和威士忌非常搭調，尤其是凝聚了大海鮮味的肥美牡蠣、竹筴魚乾，搭配卡爾里拉（Caol Ila）12 年或是樂加維林（Lagavulin）16 年這類帶有煙燻味的單一麥芽威士忌，比想像中還合拍。

蘇格蘭料理

如果喜歡蘇格蘭威士忌，那一定要試試正統的蘇格蘭料理。這裡要推薦的是「Haggis」，一般會翻譯成「肉餡羊肚」。作法是將羊的內臟、也就是羊雜剁碎之後，和切碎的香草與洋蔥一起塞進羊肚裡水煮。因為加了各式各樣的辛香料，是一道重口味的菜餚，搭配帶煙燻味的蘇格蘭威士忌一起享用，會醞釀出絕佳的風味。（圖為 Haggis，加上馬鈴薯泥的套餐是經典搭配）

CHAPTER

02

找出合拍的威士忌

你是否搞不清楚威士忌的味道有什麼差異？
或是有所疑惑，同樣都是威士忌，味道會有差別嗎？
那麼，這份試飲指南就是專為你而設計。
請走這條捷徑來找到合拍的威士忌。

六種試飲方式，探索威士忌的風味

——〈試飲師〉倉島英昭

威士忌的定義根據各國法律有所不同，但歸納起來大致為「以穀物為原料，進行糖化、發酵、蒸餾，再裝入木桶貯藏，經過熟成後的酒類」。威士忌複雜的風味就是因為這一連串的工序而產生，這股香氣再經過數年、數十年於木桶中熟成，過程中會持續發生各種各類化學反應，讓風味不斷變化。

試飲指南

1 / 試飲的基本是純飲

雖然很多人平常以加冰塊或做成高球雞尾酒來飲用威士忌，但要多款比較時建議用純飲的方式。每款酒的分量約為 10 ～ 15ml，在家裡最好可以準備專用的試飲酒杯。

2 / 順序上以口感平順者優先

至於試飲的順序，最好從口感平順者優先，力道強勁者放在後面。單一麥芽威士忌的話，比調和威士忌來得有個性，泥煤款帶有特殊香氣，可留到後半段。如果要比較波本桶熟成的話，單寧含量高的雪莉桶熟成建議留在後面。酒精濃度與味道強度在某種程度上成正比，也可當作參考依據。

3 / 尋找因為成分變化而產生的複雜風味

因化學變化而產生的威士忌風味絕對不只一種，和葡萄酒一樣，會使用很多詞彙來表達其複雜程度。隨著接觸威士忌的次數增加，能夠掌握到的風味也會愈來愈多樣化。

專家在表達風味時，會使用的品飲用詞

麥芽香氣（Malty）	感受到大麥麥芽、小麥、裸麥等麥香時使用
木質香氣（Woody）	來自木桶材質的風味；根據木桶的種類、尺寸與歷史等會有不同的呈現。
泥煤香氣（Peaty）	來自泥煤的風味，也會帶點煙燻味或碘味。
酯類香氣（Estery）	表示類似水果、花朵這類華麗的氣味。
青草香氣（Grassy）	青草或香草類的風味，通常代表像是草原、乾草等植物的感覺。
鹽味（Briny）	帶點海水（鹹）的感覺，用於表達鹹味。

產生不同風味的原因

作為原料的穀物不同

威士忌的製作原料是「穀物」，但每個種類主要使用的穀物並不相同。例如，同樣都是威士忌，蘇格蘭麥芽威士忌的原料只有大麥麥芽，但美式波本則有 51％以上的玉米，其他混入大麥麥芽、裸麥、小麥等。此外，麥芽威士忌裡使用的大麥，也會因為品種不同而有味道上的變化。

只有大麥麥芽

Scotch Single Malt Whisky

格蘭菲迪（Glenfiddich）12 年 Special Reserve

根據蘇格蘭的法律，明訂單一麥芽威士忌的原料只能使用大麥麥芽。

玉米等其他

Bourbon Whiskey

野火雞 8 年

根據美國的法律，明訂波本威士忌的使用原料中要有 51％以上的玉米。

設備、製作工序上的差異

每個蒸餾廠會先思考要釀出什麼樣酒質的原酒，然後為了製作出想像中的威士忌而決定設備與製作工序。依照訂出來的工序進行原料磨碎、糖化、過濾，並決定發酵時使用的酵母、設定發酵時間。發酵槽以及進行蒸餾的壺式蒸餾器等，各項設備的外型、尺寸、材質等的差異，對風味都有影響。此外，蒸餾方式、蒸餾次數、蒸餾時的加熱方式，從再餾器流出最初的液體扣掉最後酒液的「酒心」比例等等，也都是改變風味的因素。順帶一提，之所以要留下酒心，就是蒸餾廠希望萃取出最符合預期的酒質原液。每一項細節在製作者的講究累積之下，打造出多樣的風味。

泥煤或無泥煤

蘇格蘭、愛爾蘭以及日本威士忌，在烘烤作為原料的大麥麥芽時，會燃燒泥煤。沾染上泥煤香氣的威士忌就稱為「Peated（泥煤威士忌）」，反之則為「Unpeated」或「No Peated」（無泥煤威士忌）。由於氣味非常強烈，可能會讓一些入門者卻步，但也有很多愛好者喜歡這股特殊風味。此外，也有人因為喜好改變，原先喜歡泥煤煙燻威士忌，後來轉為投入無泥煤。

泥煤

Scotch Single Malt Whisky

雅柏（Ardbeg）10 年

雅柏在表現泥煤含量的酚值高達 50 ～ 65ppm。

無泥煤

Scotch Single Malt Whisky

格蘭傑經典

不使用泥煤煙燻麥芽，在波本桶經過 10 年熟成的「經典」。

木桶的差異、熟成環境、年分等等

威士忌的風味之所以會隨著木桶熟成而產生變化，就是因為木桶材質中的木質素、多酚、糖分以及氨基酸等成分溶出到酒液裡。至於會怎麼變化，跟木桶材質、木桶的大小、木桶歷史、貯藏時木桶的方向，還有熟成室的溫度、濕度、熟成年數等多項因素有關，無法一概而論。正因為變化如此神祕，才成了吸引威士忌愛好者的一項重要因素。

試飲 1

調和威士忌與它的基酒

調和威士忌，是由單一麥芽威士忌與穀物威士忌調和釀製而成。倉島先生在考量價格與品質之後，推薦了白馬（WHITEHORSE）12年，以及兩款作為基酒（Key Malt）之用的單一麥芽威士忌。

先試這款！

Scotch Blended Whisky

白馬 12 年

水果風味與泥煤恰到好處的 12 年

雖然市面上常看到白馬的「Fine Old」和罐裝高球雞尾酒（註），但這裡要介紹的是專為日本市場開發的 12 年熟成調和威士忌。香氣雖然沉穩，但在柑橘類水果與香草、麥香等風味之中，還是帶有清晰的泥煤，無論味道或平衡感上都非常出色，是一款希望能讓更多人認識的好酒。至於基酒，除了使用樂加維林之外，還有接下來要介紹的格蘭愛琴（GLEN ELGIN）與魁列奇（CRAIGELLACHIE）。

譯註｜
日本版，由 KIRIN 推出，以白馬威士忌為基酒。

能均衡調製出調和威士忌的穀物威士忌

穀物威士忌的原料除了大麥麥芽之外，還有玉米、小麥以及未發芽的大麥等，主要以連續式蒸餾器來製作。和多種單一麥芽威士忌調和釀製出的調和威士忌之中，主要的任務，就是襯托其他威士忌與撐起統合整體味道的重任。有機會一定要比較一下「知多」與「富士」這兩款穀物威士忌。

Scotch Single Malt Whisky

魁列奇 13 年

最後介紹！

品嚐渾厚的口感

同樣是白馬威士忌使用的基酒之一，可以隱約感受到來自波本桶熟成原酒的香草、蜂蜜、辛香料風味以及木質感。酒精濃度為 46％，在法定單一麥芽威士忌之中屬於濃度較高者。此外，由於採用非冷凝過濾的方式，酒質相對渾厚，不會過於清爽；和前一款格蘭愛琴比起來，味道紮實一些。

Scotch Single Malt Whisky

格蘭愛琴 12 年

散發出均衡且柔和的甜味

格蘭愛琴是白馬使用的基酒之一，酒精濃度為 43％。含在嘴裡可感受到舒服的水果風味、宛如花蜜般的華麗濃醇，以及雪莉桶熟成原酒有效混合後產生的柔美甜味，完美均衡。在出產許多知名酒款的蘇格蘭斯貝賽地區（Speyside），這款酒的知名度似乎不高，但我認為比起其他品牌酒款是毫不遜色的優質威士忌。

KIRIN 單一穀物威士忌

富士

「富士」的酒精濃度為 46%。先使用三種不同類型的蒸餾器分別製作出穀物原酒，再用橡木桶熟成。酒體渾厚，味道紮實，感受得到柑橘類的風味以及類似裸麥焦香，也適合推薦給單一麥芽威士忌的愛好者。

三得利威士忌

知多

以玉米為主要原料的「知多」，口感輕快，入口後會有一股淡淡的溫和穀物甜味。先分別製作不同酒質的三種穀物原酒，再加入放進白橡木桶、西班牙橡木桶、葡萄酒桶等不同木桶熟成後的原酒，調和製成。

試飲 2

不同年份的風味變化

這次挑選的是雪莉桶100%熟成的格蘭花格（Glenfarclas），以及帶有特殊風味的泰斯卡。木桶材質成分溶入酒液、酯類成分生成、氧化反應等等，這些化學變化會增加風味的複雜度，也變得更加融合。請慢慢品味不同木桶熟成年分所帶來的味道差異。

先試這款！

Scotch Single Malt Whisky

格蘭花格 12 年

來自雪莉桶的沉穩風味

格蘭花格這間蒸餾廠在熟成時只使用西班牙 Oloroso 的雪莉桶，加上原廠裝瓶的品項中也有各種熟成年分的酒款，可說相對罕見的品牌。這款 12 年的酒精濃度為 43%，除了香草及柳橙的風味之外，還有來自雪莉桶的果乾感，至於木質感倒沒那麼強烈。木桶質感可以藉由和其他款比較，就能清楚了解箇中差異。

Scotch Single Malt Whisky

格蘭花格 15 年

15 年熟成等級中絕佳的穩定感

在這瓶酒中可體會到 Oloroso 雪莉桶獨特的木桶香氣、水果風味、辛香料、木質等各種風味呈現令人愉悅的平衡。在挑選的這四款酒之中，只有 15 年這一支的酒精濃度是 46%，而確實能令人感受到蒸餾廠的堅持，要讓大家了解 15 年熟成就是要 46% 才夠味。我認為在 15 年熟成等級的各款酒之中，這一支具備絕佳的穩定感。

Scotch Single Malt Whisky

泰斯卡 10 年

海風的香氣與蜂蜜、辛香料的風味

先試這款！

泰斯卡的特色是作為基底的麥芽及辛香料香氣，加上明顯的泥煤風味，構成複雜又多層次的味道。海風般的香氣中帶有一點熬煮過的花蜜甜，夾雜著黑胡椒的風味，是一款結構紮實的威士忌。10 年這款胡椒與蜜糖甜味都很強烈，加上泥煤的衝擊，可以感受到強烈的風格。

Scotch Single Malt Whisky

泰斯卡 18 年

昇華到更柔美豐富的個性

含一口熟成 18 年的泰斯卡，首先感受到來自複雜度增加的木桶風味。和 10 年的酒款相較之下，每一項要素更加明確、圓潤，應該感受得到更加柔和的海風氣味、華麗的桃子、洋梨等水果風味，還有豐盈的麥芽味。接著而來的是丁香、薑這類辛香料的風味，以及綿長不絕的尾韻。

Scotch Single Malt Whisky

格蘭花格 21 年

不會過分強烈的木桶感與傑出的平衡

依序品飲 12 年、15 年、21 年，應該能體會到木桶感愈來愈強烈。這款酒精濃度 43％，喝起來不像 15 年那麼厚重，雖然經過 21 年的長期熟成仍感覺輕快，是款容易一杯接一杯的威士忌，或許是因為果實般的甜美與木質感兩者恰到好處的平衡吧！這次為了讓讀者明顯感受到變化而挑選 15 年與 21 年，但經典品項中其實另有一款 17 年，有興趣的話也千萬別錯過。

Scotch Single Malt Whisky

格蘭花格 25 年

明顯感受到長期熟成的紮實木桶風味

最後介紹！

木質加上果香的特色更強而有力呈現。此外，複雜度與圓融度增加，尾韻更綿長。相信品飲之後，必定能感受到原來木桶熟成的年數可以帶來這麼大的變化。然而，這不單純是木桶材質和年數的因素，還有木桶材質溶出的成分與蒸餾後原酒具備的風味等等多項因素加乘的效果。因此，也有即使熟成年數短仍傑出的作品，當然也有長期熟成卻不如預期者，正因為如此才更加有趣。

試飲 3

不同國家的風土變化

比較試飲不同原產國的威士忌，可以體會到每個國家不同法規下的製作差異，與各國氣候造成不同的熟成感。這次挑選了日本調和威士忌、壺式蒸餾的愛爾蘭威士忌、波本威士忌以及兩款單一麥芽威士忌。

日本
Blended Japanese Whisky

響 JAPANESE HARMONY

凝聚纖細感受與技巧

奠定日本威士忌基礎的「JAPANESE HARMONY」，是由三得利麥芽原酒與穀物原酒調和製成。花朵般的華麗香氣、蜂蜜、柳橙、巧克力等味道陸續擴散，正如其名，是一款令人心曠神怡、節奏和諧的威士忌，充分體會到日本人纖細的感受以及高深的調和技術。

愛爾蘭
Pot Still Irish Whiskey

紅馥知更鳥（REDBREAST）12 年

以傳統製法製作的愛爾蘭威士忌

「壺式蒸餾愛爾蘭威士忌」是由法律定義，愛爾蘭自古相傳獨特製法製作的威士忌。新米爾頓蒸餾廠的紅馥知更鳥就是這類威士忌的代表酒款，特色是獨特的果香中帶有愛爾蘭威士忌風格的油脂感，這一款在威士忌愛好者之間也廣受歡迎。

蘇格蘭
Scotch Single Malt Whisky

高原騎士 12 年 維京榮耀島嶼

最後介紹！

特徵是泥煤和來自木桶的香氣

是代表蘇格蘭的其中一個品牌，蒸餾廠位於保留了維京文化的奧克尼島。除了100%雪莉桶熟成原酒，並使用以含有當地石楠花的泥煤烘烤的大麥麥芽製作，嘗得到石楠花蜜、水果風味和泥煤煙燻的香味，讓人留有特別印象的一款威士忌。

美國
Bourbon Whiskey

野牛仙蹤

（BUFFALOTRACE）

古典風味的正統派波本酒

在目前仍持續製作的美國蒸餾廠中，歷史最悠久的就是野牛仙蹤，它有許多忠實愛好者。使用的原料是以玉米為主的穀物，充滿波本風格，有來自新桶的香草、蜂蜜、太妃糖等柔和風味。順帶一提，在日本看到的美國威士忌絕大部分都是波本。

各國氣候與溫差的不同，也會影響威士忌的熟成速度

各地的氣候對於威士忌熟成速度與「Angel's Share（酒桶內因為蒸發而導致酒液減少的現象）」有大大影響。比方說，高原騎士蒸餾廠所在的奧克尼群島主島，全年平均氣溫在 8℃上下，並沒有太大變化。因此，據說 Angel's Share 大約每年是 1%。

而噶瑪蘭蒸餾廠所在的台灣宜蘭縣，年平均溫為 21℃，加上氣溫變化大，Angel's Share 一年可高達 15%。因此，在氣候溫暖且冷暖溫差大的地區，可以較快迎來熟成巔峰期。至於判斷裝瓶的時機，也可說是製作者展現技術的一環。

台灣
Taiwanese Single Malt Whisky

噶瑪蘭珍選 NO.2

感受到噶瑪蘭原酒的深厚實力

2005 年成立的台灣首間製作廠，噶瑪蘭將製作用的木桶再次燒烤，也就是利用「Re-Charring」的步驟，讓木桶個性更清楚展現，製作出的作品也獲得極高評價。混和了波本再充桶（refill）熟成原酒的「No.2」，雖然木桶感沒那麼強烈，仍有迷人的果香，讓人充分感受到原酒的實力。

試飲 **4**

比較不同木桶熟成的差異

喜歡波本桶熟成還是雪莉桶熟成？在威士忌愛好者之中也壁壘分明。這次挑選了以波本桶熟成原酒為主的酒款、以雪莉桶熟成原酒為主的酒款，以及在波本桶內熟成之後移到葡萄酒桶過桶的酒款。

以波本桶熟成原酒為主

先試這款！

Scotch Single Malt Whisky

雅墨（AULTMORE）12 年

散發波本桶特色的果實味與麥芽感

感覺是僅用波本桶熟成原酒構成的無泥煤威士忌。甜酸平衡，從一入口類似柑橘風味的衝擊，接著是香蕉、杏桃的水果風味，還有花香及豐富的麥芽感，最後是橡木的圓潤複雜尾韻，持續不散。

Scotch Single Malt Whisky

齊侯門馬齊爾灣（KILCHOMAN MACHIR BAY）

波本桶風味與泥煤的完美和諧

馬齊爾灣這款威士忌和雅墨都是以波本桶熟成原酒為主，但另外還有雪莉桶熟成原酒，再加上達 50ppm 的重泥煤。來自木桶的淡淡香草、蜂蜜香氣，以及柑橘調、洋梨的風味，還有紮實的艾雷島泥煤。

葡萄酒桶過桶

Scotch Single Malt Whisky

格蘭傑納塔朵高地蘇玳桶（GLENMORANGIE NECTAR D'OR SAUTERNES CASK）

先試這款！

充分品味來自蘇玳桶的甜美

有「木桶先鋒」之稱的格蘭傑蒸餾廠，推出了許多講究木桶熟成的商品。這一款招牌的「經典款」，使用的是經過波本桶熟成 10 年的原酒，再移入貯藏過蘇玳酒（甜白酒）的木桶內過桶，進行短時間熟成。果實糖漿、萊姆以及奶油的淡淡風味，柔順擴散。

Scotch Single Malt Whisky

格蘭傑波特風味桶 14 年

來自紅色波特酒桶的性感甜美與酸澀

使用的原酒和上一款納塔朵高地相同，但這款在最後強化酒精的波特紅酒「寶石紅酒」木桶中過桶。原酒的果香與優雅甜味，加上來自木桶的酸味伴隨著莓果類甜味與單寧，混合之下醞釀出性感的風味。通常葡萄酒桶都是用在最後過桶，很少作為主要使用。

以雪莉桶熟成原酒為主

Scotch Single Malt Whisky

坦杜（TAMDHU）15 年

先試這款！

特色就在雪莉桶熟成的豐潤感

就像格蘭花格一樣，雪莉桶會讓威士忌多了像是果乾、莓果類以及可可豆這種豐潤飽滿的風味。坦杜採用多種不同材質、歷史的 Oloroso 雪莉桶熟成的 100％原酒，是近年來備受矚目的酒款之一。

Scotch Single Malt Whisky

格蘭多納（GLENDRONACH）18 年

來自木桶類似苦巧克力的強烈風味

相對於 12 年、21 年的酒款都使用了 Oloroso 及 Pedro Ximénez（PX） 兩種雪莉桶熟成原酒混和製成，18 年這款的原酒則是 100％的 Oloroso 雪莉桶熟成。木桶感強烈，帶有類似苦巧克力的 dry 及甘味，可品嚐到具備熟成感的渾厚滋味。

試飲 5

感受各種水果的氣味

在表達水果風味時，常會用 fruity（果香）、estery（酯香）、tropical（熱帶風情）等詞彙。雖然要用一種水果來描述威士忌複雜的風味很困難，但其中仍有可感受到「桃子很明顯」、「類似香蕉的熟成感」的酒款，尋找這類酒款也是一種樂趣。

Scotch Single Malt Whisky

格蘭莫雷（GLEN MORAY）12 年

充滿柔和果香的威士忌

在波本桶熟成之後，移入白詩南葡萄酒桶中進行過桶。最初冒出的水果風味是一大特色，瀰漫著淡淡的柑橘、杏桃以及香蕉類的果味，是一款溫暖柔和，卻讓人無法忽視的威士忌。

Scotch Single Malt Whisky

班瑞克（BENRIACH）10 年

來自三種木桶的果香

2021 年全新改版產品線。這款威士忌是起瓦士的基酒之一，特色是呈現柳橙、杏桃、鳳梨等多汁水果的風味。使用波本桶、雪莉桶、處女桶（全新橡木桶）等三種原酒混合而成。

Scotch Single Malt Whisky

波摩 18 年

完熟水果風味令人印象深刻的 18 年

這款波摩因為陳釀，通常會有明顯的熱帶水果風味。以雪莉桶熟成原酒構成的 18 年，特色是完熟水果風味，還有淡淡的桃子、洋梨風味，接著是芒果、鳳梨等熱帶水果的香氣。水果的印象相當明顯，還有恰到好處的泥煤味。

試飲 6

循序漸進的泥煤風味

使用泥煤烘烤大麥麥芽的威士忌，具有非常強烈的個性。然而，與各蒸餾廠製作的原酒搭配下，會出現天差地遠的特色。品飲比較幾款之後，就能清楚了解到在香氣、味道上的多變。

先試這款！

Scotch Single Malt Whisky

雅柏 10 年

帶有透明感的水果風味與強而有力的泥煤

蘇格蘭艾雷島，最著名的就是有多處製作泥煤威士忌的蒸餾廠，雅柏就是其中之一。泥煤感雖然強烈，但令人印象深刻的是帶有花香且清透的水果風味酒質，和拉弗格（Laphroaig）對照品飲也很有趣。

Scotch Single Malt Whisky

高原騎士 12 年

來自石楠花堆積出的泥煤風味

高原騎士這間蒸餾廠不在艾雷島上，而是位於奧克尼群島的主島，但如果要講泥煤風味，絕對少不了這個品牌。可以感受到由石楠花堆積出的泥煤，所帶出的淡淡花朵風味與蜜香。

最後介紹！

Scotch Single Malt Whisky

朗格羅（LONGROW）

有別於艾雷島一派的甜美與煙燻感

由於也想介紹一下艾雷島之外的蘇格蘭泥煤威士忌，於是挑選了位在坎培爾鎮（Campbeltown）一帶的朗格羅。這一款沒有類似雅柏或拉弗格那種淡淡的海洋氣息，而是有股奶油般的甜美與煙燻感，與男子氣概的強烈泥煤風味。

走進威士忌 Bar

看了這麼多酒款介紹，真想到酒吧去嘗試各式各樣的威士忌。接下來就為剛接觸的入門者，簡單說明上酒吧時必須注意的幾項重點。

酒吧，其實就是「靜靜品酒的地方」，因此一人獨自前往當然沒問題。在服裝方面，建議不要穿得太過邋遢、隨興。在一些高級飯店裡的酒吧，甚至還有入場服裝的相關規定。

預算上大概預估每個人三千日圓起，這個金額差不多是在一個半小時內品飲三杯。當然，每間店的定價不同，挑選的酒款也會影響價格。可能有人覺得這是廢話，但建議身上還是多帶點現金，因為不收信用卡的酒吧其實比想像中還多呢！

▲ 通常特別講究威士忌酒款的酒吧會稱為「Malt Bar」，而在日本還有專賣罕見絕版品的「Old Bottle Bar」。

不少酒吧的入口都有些隱密，不太好找，請努力找到之後，鼓起勇氣走進店內，並嘗試和調酒師交談。比方說，「我才剛開始接觸，不太熟悉，但想嘗試幾款威士忌……」類似這樣，說明來酒吧的目的。

在點酒時，最好能盡量具體表達自己的期望，像是「請給我帶有果香的威士忌，而且是價格實惠的酒款」或是「我偏好帶有煙燻味的蘇格蘭威士忌」等等。

記得，千萬不要沒頭沒腦地問「有沒有哪些推薦的酒款？」調酒師聽了也會感到很為難。另外，也要告訴調酒師想要的喝法，是純飲、加冰塊或是水割等。如果要純飲的話，記得一併點好用來緩和酒精的冰水 chaser。

在酒吧裡，點酒時通常會用「one shot（單份）」當作單位。不過，至於 one shot 是幾 ml，則沒有嚴格規定，每個國家的習慣不太一樣，甚至不同酒類也有差異。至於威士忌，一般而言 one shot 大概是30 ml（1盎司）。此外，也可以用「single」這個詞，想要加倍時用「double（雙份）」就行了。

想要簡潔明快地點酒時，可以像這樣「山崎 double，水割」或是「麥卡倫，one shot 純飲」，明確表達**①酒款②分量③喝法**，就可以了。

Half shot（半份）的注意事項

其實，另外也有「half shot」這個詞，也就是 one shot 的一半。想要嘗試多款酒時，有些人覺得一次點半份比較好。不過要注意的是，half shot 通常是例外的點法，有些店家可能沒有提供這項服務，以餐廳為例，就像是要求店家提供半份的餐點。還是提醒各位，要以「one shot」當作基本單位。

COLUMN

在日本會有特殊的收費項目，「Table Charge」也就是座位費，即使沒喝任何飲料也會產生這筆費用。金額約 1 人 500 日圓起，有些收費高的店家甚至會到每人 2,000 日圓左右。前往日本時想一探當地 Bar 的話，還請留意這點。

CHAPTER

03

蘇格蘭威士忌——全球銷量七成的驚人占比

即使近年來日本威士忌等新興勢力開始有廣大愛好者追隨，
但「提到威士忌，就想到蘇格蘭」，
這樣的地位依然屹立不搖。
接下來就介紹蘇格蘭的代表酒款。

蘇格蘭威士忌的歷史

將無色透明的私釀酒藏在木桶裡的意外結果

一般說的英國，其實是由四個國家組成的「聯合王國」，包括英格蘭、蘇格蘭、北愛爾蘭以及威爾斯。因此，如果把英文中的「England」當作是英國，那可就大錯特錯。

那麼，威士忌是在哪裡誕生的呢？關於這一點眾說紛紜，但最可信的似乎是在愛爾蘭。據說英格蘭國王在一一七〇年遠征前往愛爾蘭時，曾有人見到他飲用類似威士忌的酒類。

至於「威士忌（Whisky）」這個字的來源，據說是古時候居住在愛爾蘭一帶的蓋爾人口中的「uisce beatha」，意思是「生命之水」。

另一方面，蘇格蘭人也堅稱「蘇格蘭才是威士忌發源地」，而在一四九四年的王室史料中，的確也記載著用麥芽製作的蒸餾酒「aqua vitae」（拉丁文中意指「生命之水」）。

推測很可能在相距不久的時間裡，無論在愛爾蘭或是蘇格蘭，大家都學會了這種製作方式，讓威士忌成為當地人喜愛的酒類飲料。順帶一提，威士忌在蘇格蘭寫成「WHISKY」，在愛爾蘭則是「WHISKEY」，兩種不同的拼法據說也代表各自堅持自己才是發源地，互不相讓的態度。

話題再回到國家的歷史。英格蘭、蘇格蘭、愛爾蘭，這幾個鄰近的國家，從很久很久以前就分分合合，紛爭不斷。到了一七〇七年，蘇格蘭與英格蘭王國合併，「大不列顛王國」就此誕生。

英格蘭接著就宣布，要對蘇格蘭當地的酒類（威士忌）課以重稅，有多重呢？其中一種說法是相較於以往，竟然高達十五倍！

「開什麼玩笑！這樣誰受得了！」於是，製酒業者紛紛逃到深山裡，私下偷偷製酒……結果，竟然出現了各式各樣意想不到的狀況。

「欸，用鄉下的水來製酒，製作出來的威士忌怎麼比想像得還好喝啊？」

「私製的酒賣不完，沒辦法只好藏在雪莉桶裡，酒色竟然變成琥珀色，而且味道更圓潤了！」

事實上，過去的威士忌都是製作之後隨即飲用，一般看到的酒色也是澄清透明，結果卻因為要把酒藏起來，而建立起「木桶熟成」這道工序。

然後到了一八二一年，愛爾蘭也加入，成立了「大不列顛暨愛爾蘭聯合王國」。

愛爾蘭、蘇格蘭的居民之中，有一些為了逃避統治而遠渡重洋到了美國。尤其是愛爾蘭人，到了移居地仍繼續製作威士忌，孕育出日後的波本酒，也因此，波本威士忌的拼法沿用了「WHISKEY」。

一八二〇年以後，政府認可威士忌製作並立法規範，這下子終於能降低稅率。長久以來私製的蘇格蘭與愛爾蘭威士忌，也能正大光明登上檯面，且由於「木桶熟成」的關係，比過去的威士忌好喝多了。

話說回來，由於是麥芽威士忌，多少還是有些刺激的風味，仍舊限於少數的愛好者。只不過，到了一八三〇年以後，開始有穀物威士忌以及調和威士忌問世，味道可以做不同調整，威士忌也逐漸成為在全球都受到大眾喜愛的酒類。

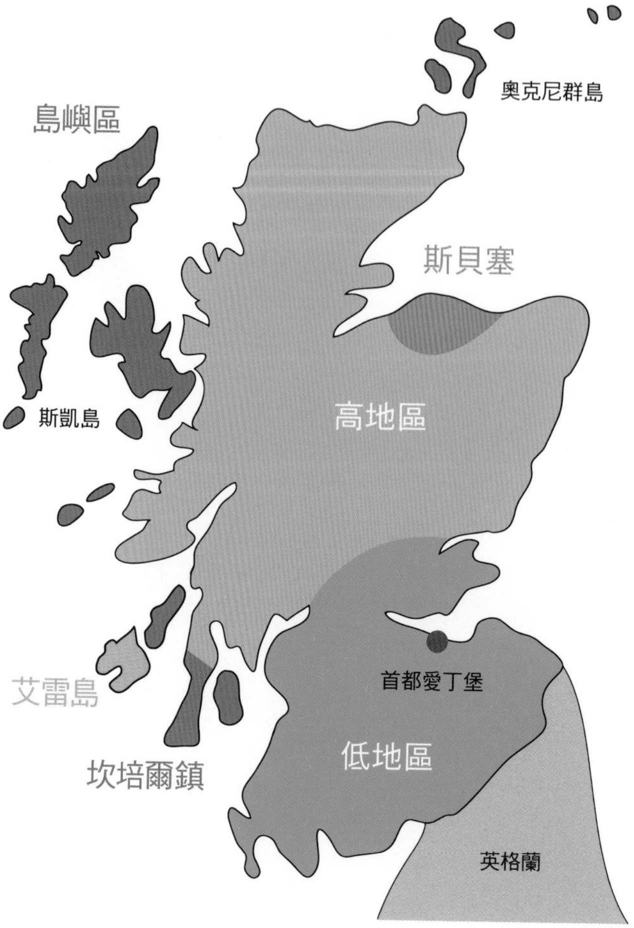

蘇格蘭威士忌的六大產區

在全球五大威士忌產地之中，有最多蒸餾廠及品牌的就是蘇格蘭，產量大約占全世界的七成。就地理上來說，是大不列顛島的北部三分之一，加上超過七百九十座島嶼，雖然緯度較高，但氣候並沒有那麼惡劣，一整年都算舒適。北部及山區的高地區由冰河鑿出的丘陵及峽灣縱橫，類似北歐的氣氛。此外，荒涼的濕地區有泥煤堆積，加上流經這塊大地的清澈水源以及冷涼的氣候，各項適合製作威士忌的條件都齊全了。

蘇格蘭威士忌以上述的「高地區」為首，加上斯凱島、奧克尼群島等各個島構成的「島嶼區」，東北部的「斯貝賽區」、南部的「低地區」、西部艾雷

▲ 高地區西部洛哈伯（Lochaber）區緊鄰的格蘭扁山脈（Grampian Mountains）。最高峰為本尼維斯山（Ben Nevis）。

▲ 低地區是一片平緩的低地，遼闊悠閒的田園風景。

▲ 奧克尼群島，是位於蘇格蘭東北部島嶼區的其中之一。

島的「艾雷島區」，還有位於半島西南部的「坎培爾鎮區」，分成這六個主要的生產地區。

每個產區的蒸餾廠以各自獨特的手法與設備來製作威士忌，加上不同的地理、氣候環境影響之下，出現有些帶有來自泥煤的強烈煙燻風味，有的散發沿海地帶特殊海水香氣，或者也有呈現華麗果味的作品，每一款產品必定都有不同的個性。正因為如此，蘇格蘭的單一麥芽威士忌才會這麼有學問，讓人興味十足，探索永無止境。

六大產區的威士忌代表推薦

從蘇格蘭的六大威士忌產區中，分別挑出一款來試飲。蘇格蘭單一麥芽威士忌之中，有許多個性豐富且美味的作品，對照比較幾款平常容易取得的原廠裝瓶商品，應該就能輕鬆掌握到哪間蒸餾廠符合自己的喜好。

酒精濃度
43%

先試這款！

｜低地區｜ Scotch Single Malt Whisky

格蘭昆奇（GLENKINCHIE）12 年

纖細且華麗的穀物與花草風味

將位於蘇格蘭本土東部的丹地（Dundee）與西部的格里諾克（Greenock）所相連的界線以南，就屬於「低地區」。格蘭昆奇蒸餾廠所在的位置，距離首都愛丁堡東方約 25km。原酒也是約翰走路等酒款使用的基酒，風味纖細且華麗。此外，可以感受到豐富的穀物以及淡淡的清新花草香氣，是一款佳作。

酒精濃度
46%

｜高地區｜ Scotch Single Malt Whisky

克里尼利基（CLYNELISH）14 年

帶有鹽味的紮實風味

高地區到處都有蒸餾廠，是一個能夠感受到多樣化的產區，如克里尼利基蒸餾廠，就位於高地區的東北部。來自大麥麥芽的麥甜味，伴隨著油脂濃醇的海風鹹味，接著是接近柳橙的柑橘類風味，最後帶來舒服的尾韻。這一款酒在威士忌愛好者之中也頗受歡迎。

酒精濃度
40%

｜斯貝賽區｜ Scotch Single Malt Whisky

麥卡倫 12 年雪莉桶

華麗酒質與來自木桶的淡淡香氣

蘇格蘭本土北側，經過高地區的斯貝河流域地區稱為「斯貝賽區」，這裡有很多知名的蒸餾廠，製作出的原酒許多都帶有華麗香氣。其中，最知名的品牌麥卡倫也在這一區，優雅且華麗的酒質特色，正符合斯貝賽區的風格。雪莉桶 12 年這款，使用的是 100% 在雪莉桶中熟成的原酒，能感受到莓果類的果乾、可可豆、辛香料及木質調的香氣。

酒精濃度
40%

｜島嶼區｜
Scotch Single Malt Whisky

高原騎士 12 年

帶有石楠花蜜的泥煤香

島嶼區是針對分散在蘇格蘭本土西部沿岸多數島嶼的總稱，這裡也有許多深具吸引力的酒款，不遜於本土或艾雷島。在奧克尼群島的主島製作出的高原騎士，是蘇格蘭威士忌的代表酒款之一，最大的特色就是在雪莉桶熟成原酒之中，帶著含有石楠花泥煤的花朵風味。建議可以和斯凱島的泰斯卡、艾倫群島（Isle of Arran）的艾倫（Arran）、茂爾島（Isle of Mull）的托本莫瑞（Tobermory）等其他各個島上的蘇格蘭威士忌對照品飲。

酒精濃度
46%

｜坎培爾鎮區｜
Scotch Single Malt Whisky

雲頂 10 年

水果香氣及帶有海水的甜美

蘇格蘭西南部的琴泰岬（Kintyre）半島上有三座蒸餾廠，其中一處位於最南邊的就是雲頂。果香中仍有多層次且厚實的味道，除了香草、白桃的甜味之外，還有位於港口蒸餾廠特有的海水風味，外加恰到好處的泥煤感，讓整體達到完美均衡。雲頂蒸餾廠另外也製作三次蒸餾的無泥煤威士忌「赫佐本（Hazelburn）」，以及兩次蒸餾的重泥煤威士忌「朗格羅」。

從原廠裝瓶來掌握每座蒸餾廠的個性

酒類專賣店中常態性銷售的原廠裝瓶單一麥芽威士忌，通常都能展現出該蒸餾廠的特性。由於這是來自蒸餾廠中多個木桶的原酒混合調製，以調酒師的品味與技術來保持穩定的品質。蘇格蘭全區有將近 130 座蒸餾廠，請慢慢用心探索這個世界。

酒精濃度
43%

｜艾雷島｜
Scotch Single Malt Whisky

樂加維林 16 年

最後介紹！

多層次香氣與泥煤的衝擊

樂加維林 16 年的特色是聞起來濃郁的可可巧克力、肉桂、焦糖、海風和根菜類的多層次風味，在伴隨泥煤香氣下給人一股強烈的衝擊。艾雷島有很多酒款都有明顯的泥煤味，令人印象深刻，可以找同一座島的其他酒款，例如雅柏、拉弗格、波摩來對照品飲比較。

艾雷島

以特殊的煙燻味及泥煤香為特色

蘇格蘭威士忌的聖地

◀ 樂加維林蒸餾廠。

▼ 洋蔥外型的樂加維林壺式蒸餾器。左側兩座為初餾器，右側兩座為再餾蒸餾器。

位於蘇格蘭西北海面上的赫布里底群島（Hebrides），最南方的島嶼就是艾雷島。艾雷島的面積約為六百平方公里，大概比日本的淡路島大一點，人口差不多是三千五百人。在這麼小的島嶼上，目前竟有八座營運中的蒸餾廠，而且還有兩座蒸餾廠準備新開業及出貨。

雖然多達八座蒸餾廠，卻只有大約十款的酒款，但仍不影響艾雷島的地位，甚至可從「島嶼區」獨立出來自成一區，還經常被譽為「蘇格蘭威士忌的聖地」。原因除了在此地製作的威士忌極具個性、有明顯的特色，再加上這裡也集結了像是拉弗格、雅柏、波摩等大廠。

產自艾雷島的威士忌，最大的特色就是帶有強烈的煙燻風味。由於島上有四分之一的土地都為泥煤覆蓋，在利用泥煤來烘烤麥芽時，就會產生特殊的煙燻風味。有人覺得這股氣味聞起來像是

▲ 雅柏蒸餾廠。

◀ 艾雷島威士忌帶有煙燻風味的特色，就是來自泥煤。

碘或有一股藥味，不太喜歡，卻也有不少一愛上就戒不掉的泥煤上癮者。話說回來，並不是艾雷島蒸餾廠的所有威士忌產品都有強烈的煙燻感，像是拉弗格、雅柏就比較強，而布納哈本（Bunnahabhain）與布萊迪（Bruichladdich）則相對較輕，至於波摩大概就介於兩者中間。

雅柏

喜愛煙燻風味的艾雷島威士忌，千萬不能錯過這一款

蘇格蘭／艾雷島〔Ardbeg〕　單一麥芽威士忌

世界上有一群非常熱愛雅柏、無法自拔的威咖，這些人甚至有個專有名詞，就叫做「雅柏幫」（Ardbeggian）；由此可知，這款艾雷島威士忌是多麼有個性。雅柏蒸餾廠位於艾雷島南側，在一處受到大西洋海浪沖刷的小岩岸上。1815年創業，廠齡超過200年的雅柏，過去曾多次獲得全球年度威士忌的獎項。在艾雷島上製作的艾雷島威士忌之中，這一款的煙燻感、鹹味以及碘味都是最強烈的。威士忌評論家吉姆．莫瑞（Jim Murray）曾說，「這是全球最偉大的蒸餾廠，無庸置疑。無懈可擊的美味就是這一款。」要談艾雷島威士忌，當然要先了解這個品牌。

雅柏 10 年〔Ardbeg Ten〕

酒精｜46%　容量｜700ml

香氣｜● 煙燻 ● 檸檬 ○ 香草
味道｜● 煙燻 ● 青蘋果 ● 大麥麥芽

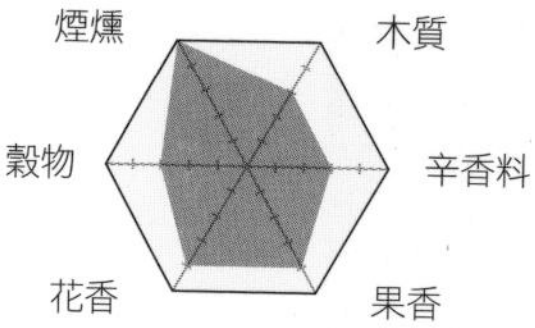

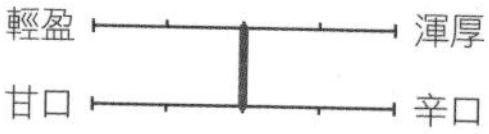

調性

加冰塊	★★★★☆
水割	★★★☆☆
高球雞尾酒	★★★★☆

我的推薦！

200 年現世的泥煤之王

是歷史上從來沒看過的菌種造成的嗎？即使拿出煙燻香氣在數值上較高的酒款比較，這款帶有魅惑水果風味的煙燻深度仍舊略高一籌。堪稱是單一麥芽威士忌極限、煙燻碘味的王道。

Other Variations

雅柏烏嘎爹（UIGEADAIL）
「UIGEADAIL」是汲取蒸餾用水的那座湖的名稱，在蓋爾語中代表「黑暗、神祕之地」的意思。來自雪莉桶熟成的溫潤甜味特別顯著。
● 酒精：54.2%　● 容量：700ml

雅柏漩渦（CORRYVRECKAN）
使用以法國橡木桶新桶熟成的原酒，辛香料風味及強勁的味道是一大賣點。
● 酒精：57.1%　● 容量：700ml

波摩

帶有清爽海水香氣，與生蠔完美搭配

蘇格蘭／艾雷島〔Bowmore〕　單一麥芽威士忌

1779 年由在地商人辛森（Simson）創立，是艾雷島歷史最悠久的蒸餾廠。「Bowmore」在蓋爾語中代表「巨大岩礁」的意思。實際上，位於海岸邊的蒸餾廠就像岩礁一樣，不時受到海浪拍打侵蝕，蒸餾廠內隨時都瀰漫著海水的香氣。這間蒸餾廠的製作過程中，特別值得介紹的是至今仍堅守自古傳統的地板式發麥（Floor Malting），由稱為「maltman」的職人以手工作業進行翻麥。此外，艾雷島同時也是牡蠣的知名產地，在生蠔上滴幾滴波摩威士忌，就能讓美味加倍，一定要試試看。

波摩 18 年〔Bowmore Aged 18 Years〕

酒精｜43%　　容量｜700ml

香氣｜● 煙燻　○ 香蕉　● 莓果類
味道｜○ 鳳梨　● 可可豆　● 果乾

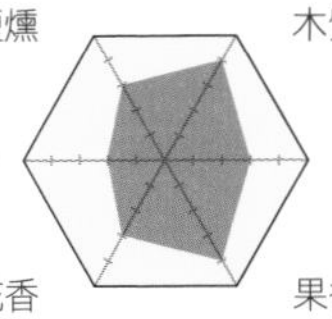

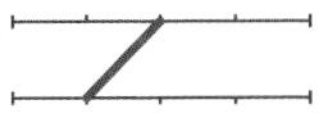

調性

加冰塊	★★★★★
水割	★★★☆☆
高球雞尾酒	★★★★☆

我的推薦！

充滿果香及煙燻感

散發出葡萄柚、木瓜、芒果般的迷人水果風味，感受到海風、浪花、海藻這類海洋氣息。甘辛風味完美平衡，可享受到水果與煙燻感複雜交錯的精彩合奏。

Other Variations

波摩 12 年
波摩的經典款，酒體適中，帶著一股聯想到黑巧克力的香醇。
● 酒精：40%　● 容量：700ml

波摩 15 年
將波本桶內熟成 12 年的原酒再移入 Oloroso 雪莉桶熟成 3 年，帶有木質的甜美味道。
● 酒精：43%　● 容量：700ml

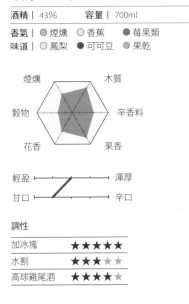

布萊迪

秉持重視艾雷島風土的態度

蘇格蘭／艾雷島〔Bruichladdich〕 單一麥芽威士忌

「Bruichladdich」在蓋爾語裡代表「海邊斜坡」的意思。創業於 1881 年，但在 1994 年時一度停產，於 2001 年重新生產後，立刻拿下各大獎項，在全球獲得廣大支持者，而這些都是拜首席調酒師吉姆．麥克伊旺（Jim McEwan）的精湛手藝之賜。蒸餾廠目前仍使用維多利亞時代的蒸餾設備，不倚賴電子器械，完全由職人手工作業。而仿效葡萄酒釀酒師重視風土的態度，也讓吉姆本人在 2013 獲得 Whisky Personality of the year 的獎項。

布萊迪經典萊迪〔Bruichladdich The Classic Laddie〕

酒精｜50%　**容量**｜700ml

香氣｜柑橘　麥芽　海風
味道｜檸檬　香草　大麥麥芽

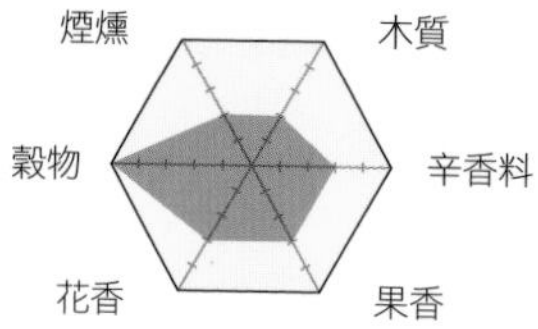

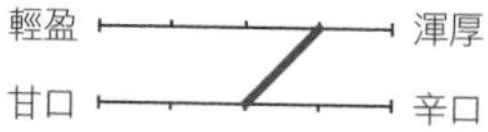

調性

加冰塊	★★★★☆
水割	★★★★☆
高球雞尾酒	★★★★☆

講究的無泥煤酒款

屬於完全不使用泥煤的「無泥煤款」，採用 100 % 的蘇格蘭原產大麥，主要在美國橡木桶內熟成，沒有稜角的圓潤口感，乾淨清新、充滿活力。能感受到橡木桶與大麥的完美和諧，堪稱布萊迪系列中的旗艦款。

Other Variations

波夏（Port Charlotte）10 年
將優雅與宛如烤肉的煙燻感完美融合的旗艦酒款。
● 酒精：50%　● 容量：700ml

奧特摩（Octomore）12.3 艾雷島大麥
追求跳脫框架的煙燻味及大麥風土，充分發揮不同產地的大麥特色。
● 酒精：62.1%　● 容量：700ml

布納哈本

艾雷島的異軍，清爽酒質與纖細花香

蘇格蘭／艾雷島〔Bunnahabhain〕 單一麥芽威士忌

說到艾雷島威士忌，一般來說都是泥煤感比較重，布納哈本這個品牌卻是例外。由於使用未經泥煤烘烤的麥芽來製作，酒質輕盈幾乎感受不到泥煤香氣，非常易飲，具備絕佳的親和力，因此是廣為人知的「溫柔艾雷島威士忌」。原因在於蒸餾用的水取自瑪加岱爾（Margadale）河的河泉水，這條河位於蒸餾廠西北方約 1 英里，為了不受到艾雷島上豐富泥煤的影響，特地從水源地搭建管線將泉水直接運送到蒸餾廠。澄清冰涼的泉水，呈現出布納哈本風格的味道。而「Bunnahabhain」一詞，在蓋爾語中就是「河口」的意思。

布納哈本 12 年

〔Bunnahabhain 12 Years Old〕

酒精｜46.3%　　容量｜700ml

香氣｜○ 海風　● 葡萄乾　● 肉桂
味道｜○ 柳橙　● 焦糖　● 巧克力

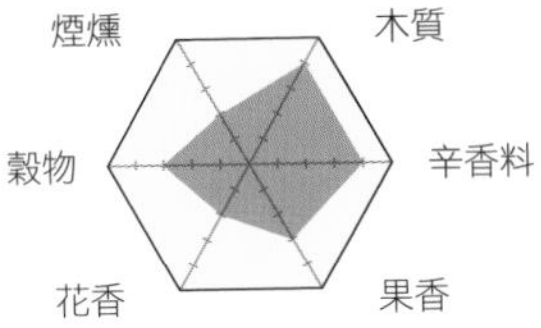

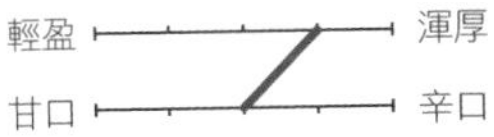

調性

加冰塊	★★★★☆
水割	★★★★☆
高球雞尾酒	★★★★☆

我的推薦！

沉默男子漢的酒

這款酒類似堅果的甜潤麥芽香，會讓人感覺像是走進海邊小屋時那股懷舊鄉愁，和繁華大都市有著一線之隔。雖然沒什麼煙燻味，卻帶著海水風味及三溫糖的甜美，非常適合晚間一人獨處的時刻。

Other Variations

布納哈本 25 年
香氣宛如用了焦糖的甜點，喝起來像是甜甜的莓果融入奶油的味道。　● 酒精：46.3%　● 容量：700ml

卡爾里拉

竄入鼻腔的強烈泥煤香，最適合搭配魚類料理

蘇格蘭／艾雷島〔Caol Ila〕　單一麥芽威士忌

卡爾里拉的高知名度，來自於它是「約翰走路」的重要麥芽原酒廠之一。至於蒸餾廠名稱的由來，就是艾雷島與吉拉島（Jura Isle）之間的艾雷海峽（也就是蓋爾語的「Caol Ila」）。使用當地波特艾倫發麥廠的麥芽，用水則是由鄰近的南邦湖經過石灰石滲出的天然水。味道帶著非比尋常的煙燻感，另外也有感受到草本植物與堅果的辛香刺激感。已故的知名威士忌評論家麥可．傑克森（Michael Jackson），曾在著書裡盛讚這款是「極佳的餐前酒」。

卡爾里拉 12 年〔Caol Ila 12 Years Old〕

酒精｜43%　容量｜700ml

香氣｜● 油脂　○ 檸檬　◎ 海風
味道｜◎ Dry　○ 柑橘　◎ 煙燻

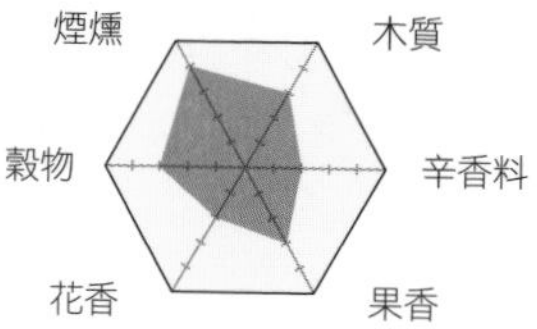

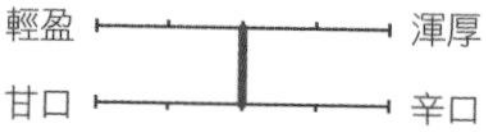

調性

加冰塊	★★★★★
水割	★★★★☆
高球雞尾酒	★★★★☆

很適合在海邊烤肉時搭配

飽滿沉穩的口感，現在相較於樂加維林更加強勁且重煙燻。帶有烘烤杏仁碎片、巧克力、俄羅斯咖啡的風味以及海鹽氣息，是海邊烤肉時的最佳良伴。

齊侯門

以展現艾雷島風格自居的新面孔

蘇格蘭／艾雷島〔Kilchoman〕　單一麥芽威士忌

這所新銳蒸餾廠，是艾雷島上睽違124年後再次出現的獨立蒸餾廠。擁有自家公司的田地，使用在附近採集到的泥煤，堅持19世紀艾雷島最常見的傳統農場型蒸餾廠的形式，採取少量生產。使用酚值50ppm（25ppm大概是中度泥煤的程度）的麥芽帶有非常強烈的泥煤味，是一大特色。雖然是新酒廠，卻腳踏實地發揮「艾雷島男兒」的自我本色，在熟知艾雷島傳統下開創新局面。想找強烈帶勁的威士忌，我大力推薦這一款。

齊侯門馬齊爾灣

〔Kilchoman Machir Bay〕

酒精｜46%　容量｜700ml

香氣｜● 油脂　○ 檸檬　● 海藻
味道｜● 煙燻　○ 大麥麥芽　○ 柑橘

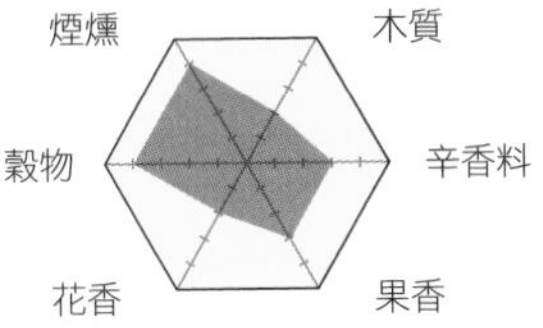

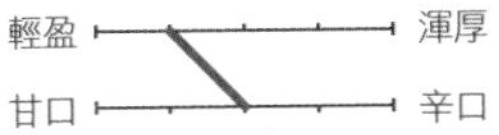

調性

加冰塊	★★★★★
水割	★★★☆☆
高球雞尾酒	★★★☆☆

我的推薦！

被撲鼻而來的濃郁泥煤香氣直接擊倒！

鄉間的餘興小酌，在新鮮的中度泥煤麥芽香之中，有股隱隱約約的輕快果香、乳酪香氣，接著還能品嚐到煙燻堅果的尾韻。這款充滿雄心壯志的暢快作品，彷彿昭告眾人「我來自艾雷島」！

Other Variations

齊侯門格姆湖（Loch Gorm）
每年只推出一批的雪莉桶熟成限量商品。有機會務必要試試雪莉桶熟成與齊侯門搭配的美妙滋味。
● 酒精：46%　● 容量：700ml

齊侯門 100%艾雷
從大麥栽種到裝瓶，所有作業工序都在艾雷島上完成，每年只推出一批的限量商品。　● 酒精：50%　● 容量：700ml

樂加維林

艾雷島威士忌的巨星，最適合搭配藍紋乳酪

蘇格蘭／艾雷島〔Lagavulin〕　單一麥芽威士忌

說到搭配拱佐諾拉（Gorgonzola）這類藍紋乳酪的酒類，很多人會想到蘇玳產區的甜白酒，其實和樂加維林的搭配也很值得大家一試。樂加維林蒸餾廠所使用的麥芽，相較於斯貝賽區典型的酒款（例如克拉格摩爾，Cragganmore），烘烤時的泥煤將近是二十倍。此外，蒸餾時間第一次約為五小時，第二次更超過九小時，是所有艾雷島威士忌裡時間最長的。因此，在無比濃郁的泥煤及煙燻風味之中，還伴隨著圓潤及甜美的味道，搭配重口味的食物一點都不會遜色。

樂加維林 16 年

〔Lagavulin 16 Years Old〕

酒精｜43%　　容量｜700ml

香氣｜● 煙燻　● 杏桃　● 肉桂
味道｜● 煙燻　● 蘋果　● 根莖類

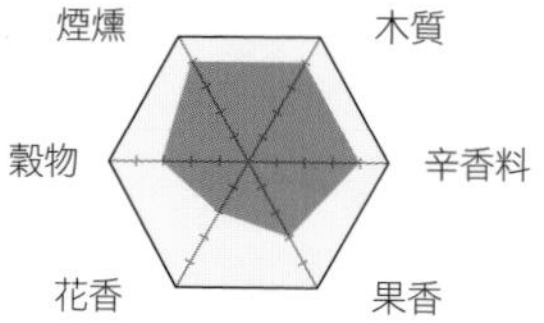

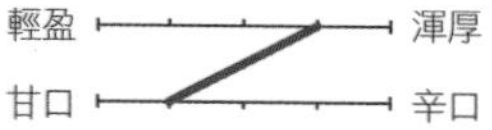

調性

加冰塊	★★★★★
水割	★★★☆☆
高球雞尾酒	★★★★★

我的推薦！

最適合為一天劃上休止符

帶有碘、海藻之類的香氛，有股類似可可牛奶或是巧克力點心的風味。酒質高雅圓潤，僅僅一杯，就能充分體會到令人震撼的熟成感，十分紮實，最適合在暖爐前放鬆身心的時候享用。

Other Variations

樂加維林酒廠限定版

在 Pedro Ximénez 桶中進行第二次的換桶熟成，甜美卻刺激感官的味道是一大魅力。　● 酒精：43%　● 容量：700ml

樂加維林 12 年

每年推出的原桶強度版本。純飲不錯，加水之後更能品嚐到高雅口味。　● 酒精：每批商品不同　● 容量：700ml

拉弗格

首先獲得英國王室認證的單一麥芽威士忌品牌

蘇格蘭／艾雷島〔Laphroaig〕　單一麥芽威士忌

威士忌的酒標上都有故事，即使是設計簡單的拉弗格也一樣。注意看看酒標上方的徽章，這代表獲得英國王室認證 —— 1994 年，當時還是王儲的查爾斯國王非常喜愛，因而獲得皇室認證。說到拉弗格，最有名的就是獨特海水氣味及碘臭，這是因為該酒廠擁有專用的泥煤庫，從這裡採到的泥煤不僅含有苔蘚、石楠花，甚至還有海藻。還有一項特色，就是熟成僅使用首次裝填的波本桶，這也是些微甜美風味的來源。

拉弗格 10 年

〔Laphroaig 10 Years Old〕

酒精｜43%　容量｜700ml

香氣｜● 藥品　○ 香草　● 煙燻
味道｜● 杏桃　● 肉桂　● 大麥麥芽

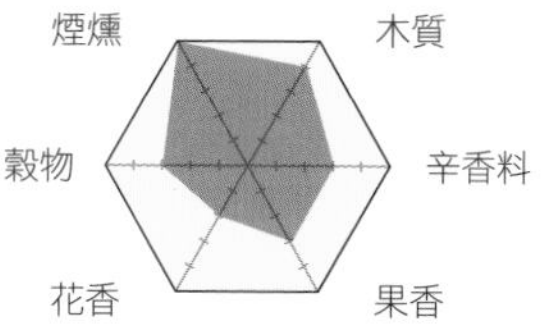

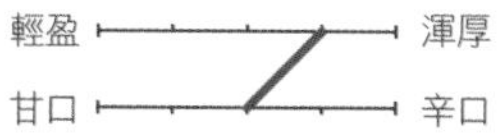

調性

加冰塊	★★★★☆
水割	★★★☆☆
高球雞尾酒	★★★★★

我的推薦！

煙燻風味中帶有海水香氣

由艾雷島專業匠人以手工製作的重泥煤單一麥芽威士忌。香氣帶有碘、海藻、煙燻火腿、發泡奶油等，口味則是煙燻泥煤、柴魚高湯的感覺，此外，似乎還有一股柔和的奶油麥香覆蓋，是一支在各方面來說非常平衡的酒款。

Other Variations

拉弗格特選桶（SELECT）
把在雪莉桶、波本桶內熟成的原酒再次移到美國橡木桶中過桶，帶有煙燻香氣及甜美的味道。

● 酒精：40%　● 容量：700ml

波特艾倫

艾雷島引以為傲的夢幻威士忌

蘇格蘭／艾雷島〔Port Ellen〕　單一麥芽威士忌

波特艾倫蒸餾廠於 1925 年在艾雷島創業，但在 1929 ～ 1966 這段期間關閉。1967 重啟之後，因其高品質獲得許多愛酒人士的支持，可惜 1983 年又再次關閉。波特艾倫蒸餾廠製作的原酒因幾次釋出造成貯藏桶減少，加上熟成的時間又長，稀有價值一年比一年高，目前在市面上有「夢幻威士忌」之稱。這裡介紹的「波特艾倫 40 年」，也是用蒸餾廠關閉之後仍小心保存的原酒裝瓶所推出的。目前波特艾倫蒸餾廠計畫於 2023 年重啟，全球的威士忌迷也在持續關注這項消息。

波特艾倫 40 年〔Port Ellen 40YO〕

酒精｜50.9%　**容量**｜700ml

香氣｜● 煙燻　● 海風　● 油脂
味道｜● 海藻　● 鹽味　● 大麥麥芽

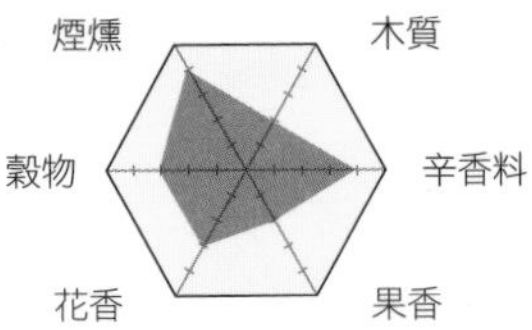

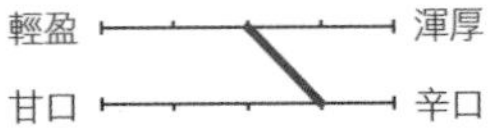

我的推薦！

夢幻的艾雷島威士忌，復活！

1983 年關閉的波特艾倫，是一款忠實呈現海風氣息的夢幻艾雷島威士忌，但它格外長時間的熟成去除了雜味，散發出優雅完熟的水果香氣，美麗的泥煤氣息宛如海風，讓人渴望盡情吹拂。終於要再次復活的波特艾倫，不過若想品飲到同款的「40 年熟成」，還真的要耐心等待啊！

蘇卡巴

知名裝瓶廠跨足的艾雷島威士忌

蘇格蘭／艾雷島〔Scarabus〕　單一麥芽威士忌

蘇卡巴是由蘇格蘭獨立裝瓶廠獵人蘭恩（Hunter Laing）公司所創立。蒸餾廠的位置不明，生產的卻是艾雷島的單一麥芽威士忌。「Scarabus」的意思是「岩石多的地區」，由來是艾雷島的祕境。從充滿好奇心與高標準的酒標，也能強烈感受到在理解艾雷島大自然的恩賜之下，以特殊製法孕育出的威士忌。

蘇卡巴〔Scarabus〕

酒精｜46%　**容量**｜700ml

香氣｜◎海風　○香草　◎柑橘
味道｜○香草　◎鹽味　◎煙燻

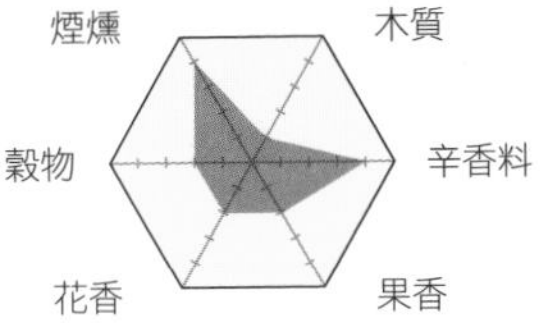

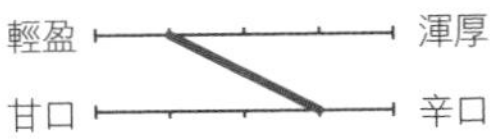

我的推薦！

當紅的神祕威士忌！

由業界已有口碑的裝瓶廠開設的「undisclosed」（蒸餾廠名未公開）的威士忌品牌（也可說是神祕的威士忌）。然而，搶眼的設計與鮮明強烈的口味，立刻成為搶手的酒款。

分布於蘇格蘭四周，可以品嚐到各自的味道與特色

◀ 位於斯凱島入海口 Port Ruighe 的泰斯卡蒸餾廠。

▼ 屬於嚴峻海洋型氣候的斯凱島。

在蘇格蘭西北方到西南方，有一圈散落分布的大小島嶼，在這些島嶼上的蒸餾廠所製作的威士忌，統稱為「島嶼區威士忌」。包括奧克尼群島、路易斯島（Isle of Lewis）、茂爾島、斯凱島、吉拉島、艾倫島等，各島上都設有蒸餾廠。由於整個區域的範圍非常廣，很難用隻字片語敘述這個地區的特色。因此，將以各島的主要特色與代表品牌酒款（蒸餾廠）來介紹。

首先，是過去因由維京人統治而聞名的奧克尼群島。在強風吹襲的嚴峻環境之中，孕育出圓潤甜美及淡淡煙燻風味的高原騎士、無泥煤清爽口感的斯卡帕兩大品牌。

至於全島覆蓋泥煤，又能獲得純淨水源的路易斯島，則有新崛起的阿文賈格（Abhainn Dearg）蒸餾廠，製作新鮮的威士忌。

以複雜峽灣地形為特色的茂爾島，在這座島上的蒸餾廠生產無泥煤的托本莫瑞，以及使用泥煤的里爵（Ledaig）兩個品牌。

在天候變化多端加上多雨的西北方斯凱島，有著島嶼區威士忌中最受歡迎的品牌、以煙燻味及辛辣感突顯個性的泰斯卡。

吉拉島上有豐富的自然資源，棲息了許多野生紅鹿。島上引以為傲的吉拉蒸餾廠，有兩百年的傳統，製作泥煤與無泥煤兩種麥芽威士忌。

最後是島嶼區當中氣候和雨量都相對穩定的西南方艾倫島，島上艾倫蒸餾廠的威士忌，因為獨特的製作方式而展現很有個性的口味。

就像這樣，雖然特色各有不同，卻都是因為在島嶼特殊嚴峻環境中才孕育出這些個性豐富多樣化的威士忌。

▲ 位於艾倫島羅赫蘭札（Lochranza）的艾倫蒸餾廠。

位於赫布里底群島南 ▶
方的吉拉島。

艾倫

在美麗小島上孕育出的清澈麥芽威士忌

蘇格蘭／島嶼區〔Arran Malt〕　單一麥芽威士忌

不同於近期，在蘇格蘭威士忌業界略顯低迷的二十多年前，大眾對於新蒸餾廠的成立在懷抱期待的同時，也不免帶著異樣的眼光。這座蒸餾廠一開始的知名度當然很低，歷經了「還太嫩」的評價後，逐漸因為堅持少量生產提高品質而獲得好評，一步一步增加支持者。它最大的特色，是在麥芽原有的自然甘甜及焦香中，帶著島嶼型威士忌特有的海風辛香、果香個性，很推薦給女性。秉持著創業時期的開拓者及職人精神，在 2016 年增設兩座同型的蒸餾器。成立超過二十五年，愈來愈值得期待。

艾倫 10 年〔Arran Malt 10 Years Old〕

酒精｜46%　**容量**｜700ml

香氣｜○ 柳橙　◎ 大麥麥芽　○ 香草
味道｜○ 柳橙　◎ 餅乾　● 油脂

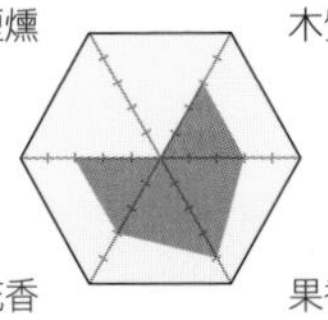

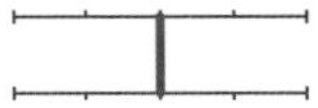

調性	
加冰塊	★★★★☆
水割	★★★★☆
高球雞尾酒	★★★★★

我的推薦！

受到任性大人的熱切關注

島嶼威士忌的第一名資優生，卻因一板一眼的認真態度，長久以來被認為「太無趣」。然而，經過十多年後，它呈現出了柑橘的麥芽與橡木味道。這是一個很好的例子，證明隨著時間與庫存量的逐漸增加，威士忌的風味也愈來愈豐富。

Other Variations

艾倫雪莉桶（SHERRY CASK）
艾倫風格的果香，與來自雪莉桶的豐富風味，達到完美平衡。
● 酒精：55.8%　● 容量：700ml

艾倫第 1/4 桶原酒（QUARTER CASK）
先在波本桶內熟成 7 年後，再移到 125 公升的 1/4 桶（小桶）過桶 2 年。
● 酒精：56.2%　● 容量：700ml

高原騎士

「北方巨人」——權威也認同的全方位佳作

蘇格蘭／島嶼區〔Highland Park〕　單一麥芽威士忌

過去曾由維京人統治的奧克尼群島，在主島的柯克沃爾（Kirkwall）有一座蘇格蘭最北端的蒸餾廠。創立這座蒸餾廠的曼齊・尤恩森（Mansie Eunson），正職是教會長老，同時也是一名私釀酒業者，傳說當初為了逃避重稅，他還會將威士忌藏在講台下。至於味道如何，就像已故的威士忌評論家麥可・傑克森的評語：「在所有麥芽威士忌中屬於全方位的佳作，更是傑出的餐後酒。」不但有麥芽的風味、煙燻香氣、圓潤且綿長的後韻……可說是凝聚了所有傳統麥芽威士忌必備的要素。

高原騎士 18 年〔Highland Park 18 Years Old〕

酒精｜43%　容量｜700ml

香氣｜● 巧克力　● 煙燻　● 花香
味道｜○ 柳橙　● 莓果類　● 肉桂

我的推薦！

是否折服於宏大的規模？

「進擊」的巨人近年來重新改款，對於果香變得更華麗感到印象深刻，是邁向征服人類的進步嗎？從花香到果香，而且能深入感受到最根本的龐大規格，這樣的風味確實配得上「北方巨人」的稱號。

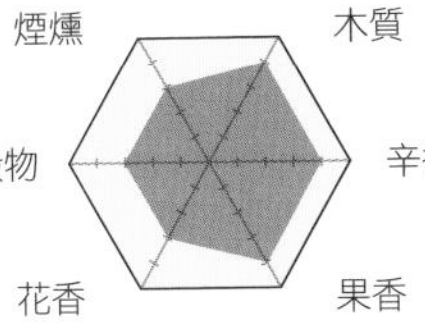

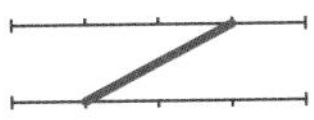

調性

調性	
加冰塊	★★★★★
水割	★★★★☆
高球雞尾酒	★★★★★

Other Variations

高原騎士 12 年
作為搭餐酒，加入蘇打水、水割或是用其他喜歡的喝法都可以，是高原騎士的入門款。　● 酒精：40%　● 容量：700ml

高原騎士戰神（VALKNUT）
甜美中有著宛如丁香加上茴香籽的辛辣強烈口味，風味平衡且口味大膽。　● 酒精：46.8%　● 容量：700ml

吉拉

誕生於「鹿之島」的潔淨風味

蘇格蘭／島嶼區〔Jura〕 單一麥芽威士忌

吉拉島地形細長，位於艾雷島的東北方，島上約有200人的人口，卻有將近5,000頭鹿棲息（Jura在蓋爾語中就代表「鹿之島」）。在這座充滿大自然的島上，唯一製作威士忌的就是這間Isle of Jura蒸餾廠。分別使用無泥煤麥芽與泥煤麥芽，以煙燻風味的強弱來生產多個系列產品；除了「Origin」之外，還有「Superstition」和「Diurach's Own」系列。

吉拉 10 年（含外盒）

〔Isle of Jura 10 Years old〕

酒精｜40%　容量｜700ml

香氣｜大麥麥芽　香草　柳橙

味道｜杏桃　油脂　堅果

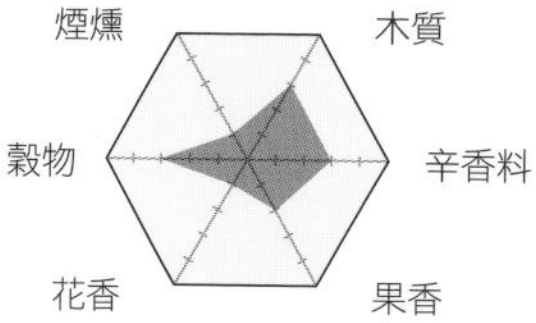

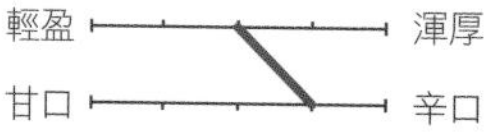

調性

加冰塊	★★★★☆
水割	★★★☆☆
高球雞尾酒	★★★★☆

我的推薦！

混濁感消失，酒質變得更乾淨

帶有果香，大概介於鳳梨與芒果之間。隨著時間過去會有微微的米糠感，入口帶點油脂。此外，也會有一點點烘烤大麥和麥芽糖，以及海水的感覺，和以往相較之下，混濁感消失了。

Other Variations

吉拉 18 年

在美國白橡木桶中熟成18年，最後移入法國一級酒莊的波爾多紅酒桶過桶，帶有苦巧克力與薑的味道。

● 酒精：40%　● 容量：700ml

泰斯卡

斯凱島獨創作品，讓烤雞肉串更加美味

蘇格蘭／島嶼區〔Talisker〕　單一麥芽威士忌

這座蒸餾廠位於有「霧島」之稱、多霧的斯凱島，蒸餾用水使用的是蒸餾廠附近的霍克希爾山（Cnoc nan Speireag）的地下水。含有豐富礦物質及泥煤的水源，醞釀出泰斯卡強力且溫潤的口味。最初創業時採取三次蒸餾，自 1928 年之後改為兩次蒸餾。值得一提的是壺式蒸餾器的外型，初餾器是附有稱為「purifier（淨化器）」的傳統蒸餾器，能讓蒸餾初期的酒精回流到蒸餾器中，藉此呈現出更辛辣的味道。搭配起甜甜辣辣的醬汁最對味，很適合在吃烤雞肉串時來一杯。

泰斯卡風暴〔Talisker Storm〕

酒精｜45.8%　**容量**｜700ml

香氣｜◎ 海風　● 蘋果　● 胡椒
味道｜○ 白桃　● 油脂　◎ 大麥麥芽

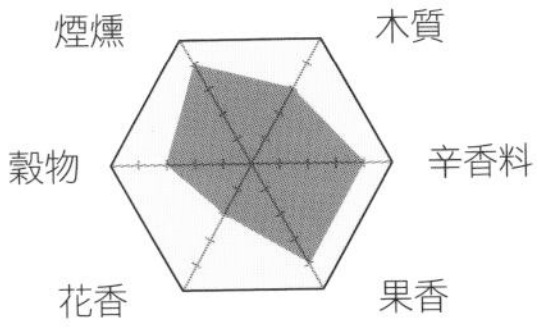

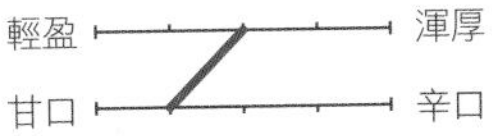

調性

加冰塊	★★★★☆
水割	★★★☆☆
高球雞尾酒	★★★★☆

我的推薦！

辛辣的刺激感十分痛快

可以充分感受到像是咬下黑胡椒粒時那種粗獷的鮮味與刺激。具有重泥煤、海水、碘的氣味，在味道上反倒是有香草般的甜感；另外，也有些炭火或是咖啡豆的風味。

Other Variations

泰斯卡 10 年
品嚐到泥煤與海潮強烈的香氣與煙燻甜美。最吸引人的地方堪稱是具有爆發力的風味。　● 酒精：45.8%　● 容量：700ml

泰斯卡 18 年
雖然是每年限量生產，卻是該廠首項以常規品推出的長期熟成單一麥芽威士忌。　● 酒精：45.8%　● 容量：700ml

斯卡帕

如香草冰淇淋般甜美，如花般芳香

蘇格蘭／島嶼區〔Scapa〕　單一麥芽威士忌

斯卡帕蒸餾廠位於北海上奧克尼群島中最大的主島上，這間蒸餾廠也因為是蘇格蘭最北端的酒廠之一而聞名。如果要推薦給還喝不慣威士忌的女性，入門的第一杯或許很適合選斯卡帕，由於使用無泥煤麥芽，沒有新手所不習慣的特殊氣味。此外，初餾器使用的是現在已經很少見的圓胖外型羅門式蒸餾器（Lomond Still）。濃醇的蒸餾酒液在波本桶中熟成後，會呈現宛如香草冰淇淋的甜美與花般香氣，一入口就能感受到像是品嚐甜點的愉快心情。

斯卡帕史桂倫〔Scapa Skiren〕

酒精｜40%　容量｜700ml

香氣｜大麥麥芽　柳橙　薄荷
味道｜油脂　杏桃　大麥麥芽

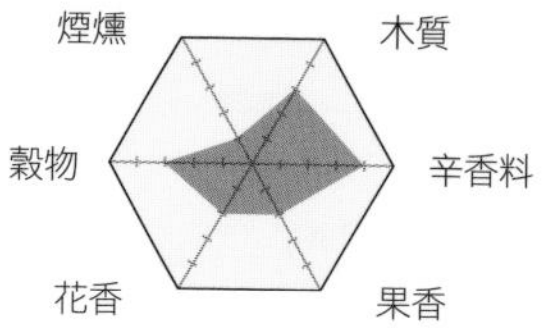

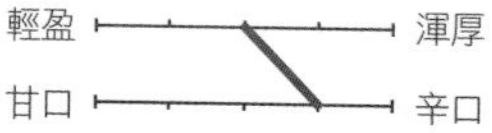

調性

加冰塊	★★★★★
水割	★★★☆☆
高球雞尾酒	★★★★☆

我的推薦！

來自初次充填桶（First Fill Barrel）的豐富風味

花香、隱約的海水觸感、從柔和的大麥甜味到淋上香草糖漿的蜂蜜檸檬茶，尾韻留下木桶舒服的複雜風味，來自初次充填桶的豐富風味令人印象深刻。

托本莫瑞

製作兩款富含島嶼精神的麥芽威士忌

蘇格蘭／島嶼區〔Tobermory〕　單一麥芽威士忌

位於吉拉島與斯凱島的中間，以度假勝地聞名的茂爾島上僅有的一間蒸餾廠。歷經幾番波折，終於在 1990 年代重啟蒸餾，旗下作品有無泥煤麥芽的「托本莫瑞」與泥煤麥芽的「里爵」兩個品牌。

托本莫瑞 12 年〔Tobermory 12 Years Old〕

酒精｜46.3%　容量｜700ml

香氣｜大麥麥芽　乾草　丁香
味道｜大麥麥芽　油脂　厚紙板

2019 年初開始製作的單一麥芽威士忌，成為托本莫瑞蒸餾廠的新主力商品。帶有果香與辛香料的味道，並且能感受到些微的海水氣息。

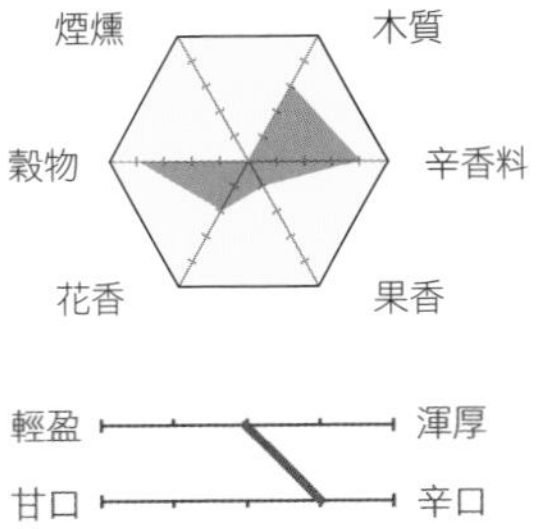

里爵

讓威士忌行家驚嘆的獨特風味

蘇格蘭／島嶼區〔Ledaig〕　單一麥芽威士忌

茂爾島托本莫瑞蒸餾廠的另一個品牌「里爵」，和無泥煤的姐妹品「托本莫瑞」完全不同，酒質濃醇且帶有島嶼威士忌風格的甘甜，充滿個性的煙燻香氣，是行家喜愛的味道。

里爵 10 年〔Ledaig 10 Years Old〕

酒精｜46.3%　容量｜700ml

香氣｜煙燻　大麥麥芽　胡椒
味道｜油脂　蘋果　黑土

海邊的營火，煙霧的背後隱約透著柑橘氣味，甜甜的草本植物、濕潤泥土和青草的淡淡氣息之中，伴隨著乾澀的穀物感，然後是生薑與丁香的辛辣。辛口中有明顯的麥味，鮮明強烈的泥煤感令人印象深刻。

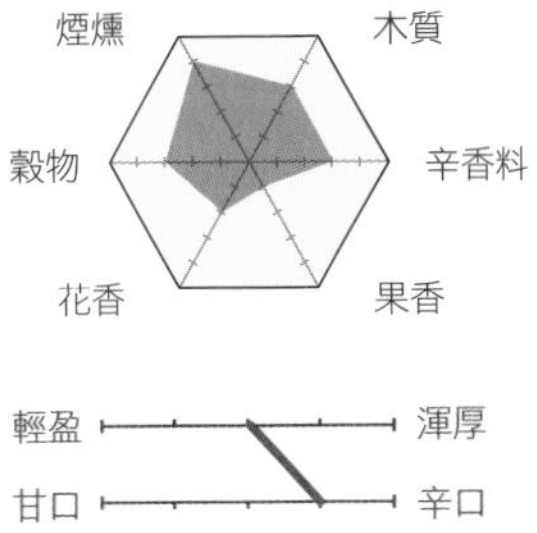

雷神島

用水為關鍵的「品質至上主義」

蘇格蘭／島嶼區〔Isle of Raasay〕　單一麥芽威士忌

位於蘇格蘭西海岸，赫布里底群島中雷神島上唯一運作的蒸餾廠。在製作中全程使用富含礦物質、穿透火山岩與侏羅紀砂岩過濾的蒸餾用水，產生帶有果香及獨特甘甜的風味。

雷神島赫布里底單一麥芽威士忌 R-01

〔Isle of Raasay Hebridean Single Malt R-01〕

酒精｜46.4%　　容量｜700ml

具有碘、泥煤、海藻的香氣，雖然僅熟成 3 年，卻感覺不出新酒的刺激感，泥煤味道中帶有淡淡的葡萄酒桶香甜。此刻的口味還有些參差不齊，但預計在木桶熟成後會更加圓潤，非常值得期待。

托拉瓦格

位於眺望港口的丘陵地，斯凱島上第二間蒸餾廠

蘇格蘭／島嶼區〔Torabhaig〕　單一麥芽威士忌

因為泰斯卡蒸餾廠而知名的斯凱島，在相隔約 200 年之後，於 2017 年又新成立一間蒸餾廠。「Torabhaig」在蓋爾語中有「眺望港口的丘陵」之意，酒廠就是在這樣的環境下，使用泥煤烘烤麥芽製作出單一麥芽威士忌。

托拉瓦格 2017 傳奇系列首批款

〔Torabhaig 2017 The Legacy Series First Release〕

酒精｜46%　　容量｜700ml

香氣｜◎海風　●蘋果　◎大麥麥芽

味道｜●胡椒　◎煙燻　○柑橘

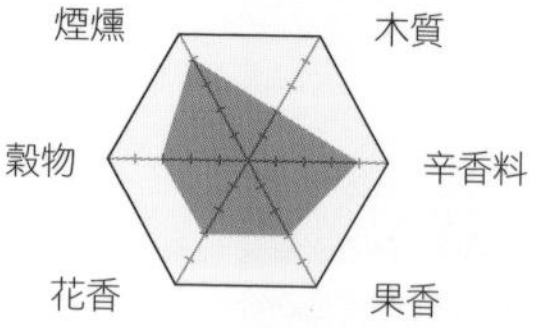

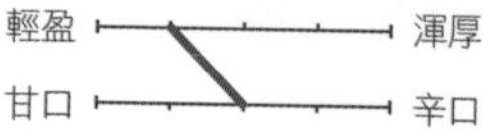

帶有透明感的香氣，海水氣息，生薑與胡椒的辛辣，清新柑橘調帶有油脂感，到了深層有紮實的麥香。泥煤風味與柔和的水果甜味令人印象深刻。

阿文賈格

外赫布里底群島唯一的罕見口味

蘇格蘭／島嶼區〔Abhainn Dearg〕　單一麥芽威士忌

阿文賈格蒸餾廠於 2008 年在赫布里底群島的路易斯島上現身，這是睽違將近 170 年後此地又有蒸餾廠，是位於蘇格蘭最西側的外赫布里底群島唯一的蒸餾廠。此地自 2011 年首次取得製作單一麥芽威士忌的許可，但特別的是，廠內使用的蒸餾設備是過去私造酒時代的傳統蒸餾器，稱為「illicit stills」。此外，原料的大麥也全是產自路易斯島當地，其中有兩成是自家栽種、採取地板式發麥。每年產量僅僅 2 ～ 3 萬噸，有機會一定要試試這罕見又有個性的味道。

阿文賈格單一麥芽威士忌

〔Abhainn Dearg Single Malt Whisky〕

酒精｜46%　　**容量**｜500ml

調性

加冰塊	★★★★☆
水割	★★★★☆
高球雞尾酒	★★★★★

雖為新秀，卻是備受矚目的潛力股

有人喝過後的評語，是感覺不出來是由多個木桶調和出來的味道，反而像是根據熟成完成時間裝瓶的作品。雖然是年輕的威士忌酒廠，市面上的流通量也有限，但個性獨具，常獲得好評，未來值得期待。

坎培爾鎮區　目前有三間蒸餾廠運作

蘇格蘭境內最小的威士忌產區

坎培爾在蘇格蘭西南部，是介於吉拉島與艾倫島之間的琴泰岬半島上的小城市。這一帶稱為阿蓋爾地區，毛衣等服飾上的鑽石菱格紋也叫「Argyle」，語源就是來自這裡。由於這附近有威士忌的原料大麥以及純淨的水源，在十九～二〇世紀前半是非常繁榮的麥芽威士忌產地，全盛時期甚至有超過三十間的蒸餾廠，然而一九三〇年代因為在美國廢除禁酒令之後一路走下坡，現在只剩下少數幾間酒廠。

目前在坎培爾鎮持續運作的蒸餾廠有三間，分別是：雲頂、格蘭帝（Glen Scotia）以及格蘭蓋爾（Glengyle）。一八二八年創業的雲頂蒸餾廠，採用傳統的地板式發麥，使用自家製造的麥芽，製作有「麥芽香水」之稱與濃郁柑橘類香氣的「雲頂」，另外還有冠上「赫佐本蒸餾廠」之名的威士忌，這裡也因為日本威士忌之父竹鶴政孝曾在此學藝而聞名。格蘭帝的酒質特色，是在焦香甘甜中帶點坎培爾威士忌風格的強烈鹹味辛辣，可惜的是，在日本的流通量並不

▲ 雲頂蒸餾廠。

▲ 坎培爾鎮市區。

多。至於在二〇〇四年，睽違八十年之後復活的格蘭蓋爾蒸餾廠，使用的是雲頂自家製造的麥芽，製作出香氣濃郁且味道多樣複雜的齊克倫（Kilkerran）。

這幾個酒廠共同的特色就是在港口附近才有的鹽味，也就是「briny」的風味。此外，香氣非常濃郁，泥煤感沒有艾雷島威士忌那麼強烈，可說是對威士忌入門者相當友善的選擇。

▼ 在雲頂蒸餾廠有雲頂、朗格羅、赫佐本三種麥芽威士忌。

格蘭帝

極為稀有的坎培爾鎮威士忌

蘇格蘭／坎培爾鎮〔Glen Scotia〕　單一麥芽威士忌

坎培爾鎮過去因為是大麥的重要產區，加上海運發達，曾是威士忌產業的重鎮，有超過三十間蒸餾廠，具有「威士忌之都」的稱號。然而，在第二次世界大戰之後，留存下來的就只剩下雲頂與格蘭帝。這裡賣弄個小知識，格蘭帝蒸餾廠最特別的地方，是發酵槽使用的是「耐候鋼」的特殊合金，這是一種耐鏽、耐腐蝕的金屬，在以松樹、不鏽鋼等材質為主流的現代，真的很罕見。

格蘭帝坎培爾鎮港

〔Glen Scotia Campbeltown Harbour〕

酒精｜40%　容量｜700ml

香氣｜大麥麥芽　柳橙　煙燻
味道｜油脂　丁香　Dry

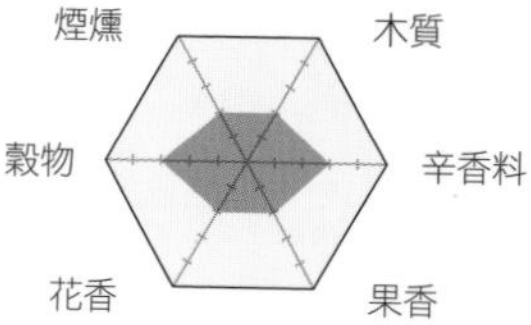

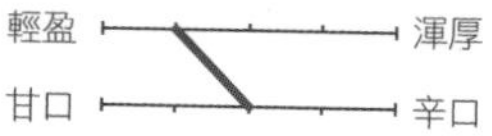

調性

加冰塊	★★★★★
水割	★★★★★
高球雞尾酒	★★★★★

我的推薦！

海鮮類的鮮美風味，適合搭配和食！

入口時感受到薄荷醇、杉木、檸檬的香氣，過了一會兒後陸續有海水、泥煤、海鮮高湯的氣息。味道上像是煙燻竹子、魚鰭酒，還有淡淡的柳橙皮。帶有海鮮的鮮甜，做成高球雞尾酒搭配和食也很棒。

Other Variations

格蘭帝 18 年
在波本桶熟成後，再移到 Oloroso 雪莉桶過桶 1 年，增添獨具特色的甜美辛辣口感，以及華麗雪莉酒香氣。
● 酒精：46%　● 容量：700ml

齊克倫

「雲頂」的姐妹蒸餾廠

蘇格蘭／坎培爾鎮〔Kilkerran〕　單一麥芽威士忌

在 1925 年關閉的蒸餾廠原址新成立的酒廠，這是坎培爾鎮睽違 125 年來的新蒸餾廠。由於蒸餾廠的名稱「格蘭蓋爾」已經有其他公司登記品牌，因此改以「齊克倫」之名推出。使用下一頁介紹的雲頂蒸餾廠的地板式發芽（將帶有水氣的大麥鋪在地板上促進發芽）大麥，因此和「雲頂」拿來對照品飲也很有趣。

齊克倫 12 年

〔Kilkerran 12 Years Old〕

酒精｜46%　　容量｜700ml

香氣｜煙燻　大麥麥芽　柑橘
味道｜蜂蜜　蘋果　大麥麥芽

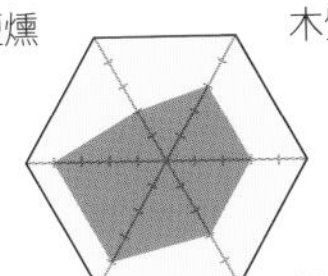

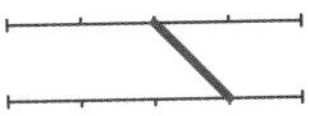

調性	
加冰塊	★★★★☆
水割	★★★★☆
高球雞尾酒	★★★★☆

我的推薦！

空無一人的酒廠空間感

這款一年只運作大約 3 個月的限定生產威士忌，有海水泥煤的風味，還有清晰的柑橘類果皮、白胡椒之類的香氣，隨著時間過去，逐漸建立起不妥協的風格。

Other Variations

齊克倫 8 年原酒
在果醬與水果的飽滿多汁口感中，有著均衡的柔和煙燻香氣。
● 酒精：56.9%　● 容量：700ml

雲頂

因華麗香氣而有「單一麥芽香水」之譽

蘇格蘭／坎培爾鎮〔Springbank〕　單一麥芽威士忌

帶有坎培爾鎮威士忌特有的海風、潮水氣息，同時感受到甜美辛辣的果香，這就是雲頂被譽為「單一麥芽香水」的由來。從創業初期至今都是由米歇爾家族獨立經營，是蘇格蘭唯一從發麥到裝瓶都在同一個廠區的蒸餾廠。除了「雲頂」外，這間酒廠另外還生產「赫佐本」、「朗格羅」三種單一麥芽威士忌。希望大家能感受到雲頂肩負坎培爾鎮威士忌招牌的自信。

雲頂 18 年

〔Springbank 18 Years Old〕

酒精｜46%　容量｜700ml　開放價格

香氣｜● 煙燻　● 可可豆　● 蜂蜜

味道｜● 莓果類　● 花香　● 堅果

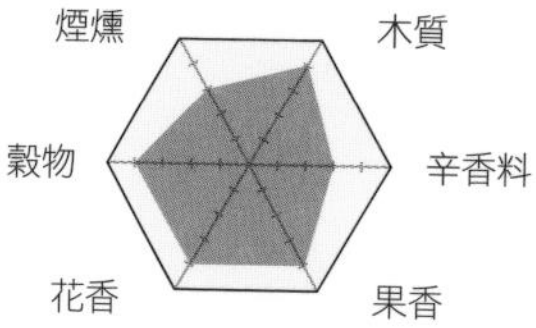

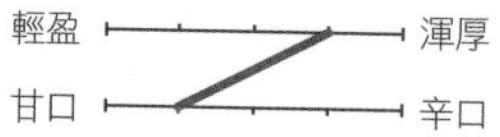

調性

加冰塊	★★★★★
水割	★★★★☆
高球雞尾酒	★★★★☆

感受熟成的深度，獨一無二的味道

飽滿的水果風味中帶點微微的鹹味，正是雲頂的魅力所在。18 年這款用了大量的雪莉桶熟成原酒，味道更有深度，請細細品味這奢華的一杯。

Other Variations

雲頂 10 年

據說是單一麥芽威士忌之中口味最鹹的一款酒，帶有洋梨、香草等香氣。
● 酒精：46%　● 容量：700ml

雲頂 15 年

大部分使用在雪莉桶中熟成的原酒，黑巧克力的芳醇香氣，很適合餐後飲用或搭配雪茄。
● 酒精：46%　● 容量：700ml

斯貝賽　過去私釀酒業者的祕密基地

現今麥芽威士忌的重要生產地

流經蘇格蘭高地區東部的斯貝河，加上丹佛倫河（River Deveron）、洛西河（River Lossie）流域，這塊地區就稱為「斯貝賽區」。本區面積約為二千平方公里，跟日本東京都的大小差不多，但在這塊相對狹窄的區域中，聚集了全蘇格蘭近半數的蒸餾廠，超過五十間。

斯貝賽區之所以會成為威士忌產業的聖地，除了以往就是威士忌原料大麥的主要產地之外，還有來自格蘭扁山脈的優質天然水源，加上冷涼且帶適度濕氣的氣候，最適合威士忌貯藏熟成。另一方面，歷史背景也有很大的影響，過去為了逃避英格蘭政府對威士忌所課的重稅，斯貝賽區曾是私釀酒的大本營。由於地處

▲ 達夫鎮（Dufftown）上歷史最悠久的慕赫（Mortlach）蒸餾廠。

▲ 位於達夫鎮的格蘭菲迪蒸餾廠。

◀ 斯貝河流域聚集了許多蒸餾廠。

偏僻的東北方，加上有險峻的山脈阻隔，非常適合私釀酒。據說在全盛時期，這裡有超過一千間酒廠。

斯貝賽區的蒸餾廠分散在佛雷斯（Forres）、埃爾金（Elgin）、基斯（Keith）、巴基（Buckie）、路思（Rothes）、達夫鎮、利威（Livet）以及斯貝河中、下游等八個地區，且都是全球知名的酒廠，如麥卡倫、格蘭利威、格蘭菲迪、格蘭愛琴、慕赫等。相對於煙燻感且強烈的艾雷島威士忌，斯貝賽威士忌的整體特色就是帶有華麗優雅的香氣與味道，加上柔和又順口，味道甜美，無論年紀、性別都會覺得易飲好入口。此外，作為調和威士忌的基酒也大受歡迎。

百樂門

善用小規模生產優勢的模式

蘇格蘭／斯貝賽區佛雷斯〔Benromach〕 單一麥芽威士忌

雖然曾經一度暫停生產，百樂門在曾是歷史最悠久的獨立裝瓶廠高登麥克菲爾公司（Gordon & MacPhail）收購之後，於 1998 年由當時還是王儲的查爾斯國王正式揭幕，重啟生產。原本負責生產的員工只有兩人，是斯貝賽地區規模最小的蒸餾廠。在威士忌的製作上也不同於一般，採用將各批次的一部分酒液混入下一個批次的「索雷拉系統（Solera System）」，也就是常見於製作雪莉酒的方式，藉此保持穩定的品質與味道。善用小規模生產的優勢，加上恰到好處的泥煤香氣，獨具特色的味道廣受歡迎。

百樂門 10 年〔Benromach 10 Years Old〕

酒精｜43%　容量｜700ml

香氣｜● 煙燻　○ 柳橙　● 大麥麥芽
味道｜○ 柑橘　○ 香草　● 大麥麥芽

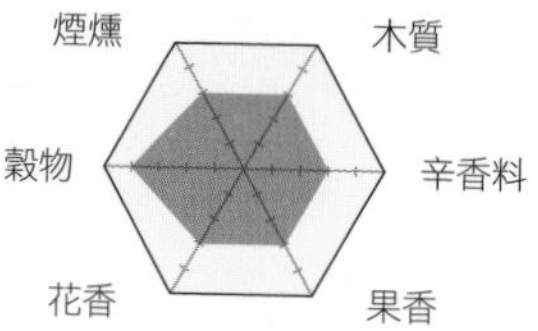

輕盈 ——|—— 渾厚
甘口 ——|—— 辛口

調性

加冰塊	★★★★★
水割	★★★★★
高球雞尾酒	★★★★★

我的推薦！

給懷舊主義者！過去的感動就在這裡！

高地區的泥煤香氣與鄉村大麥風味，類似生薑的刺激尾韻。過去有著強烈泥煤、煙燻風味的斯貝賽威士忌再次復活，有機會一定要試試！

Other Variations

百樂門 15 年
來自炙燒木桶的纖細煙燻感以及水潤的蜂蜜、香草、水果的鮮甜。
● 酒精：43%　● 容量：700ml

百樂門原桶強度（Cask Strength）
經過雪莉桶與波本桶的熟成後，在保持原有味道下更添力道與濃醇感。
● 酒精：隨批次而異　● 容量：700ml

班瑞克

話題限定商品陸續登場，備受矚目的蒸餾廠

蘇格蘭／斯貝賽區埃爾金〔BENRIACH〕 單一麥芽威士忌

具有穀物類的甘甜，類似奶油糖的味道。一直以來受到調酒師極高的評價，也是「Something Special」、「起瓦士」等調和威士忌愛用的原酒，直到1994年才推出原廠裝瓶的單一麥芽威士忌，算起來資歷比想像中來得淺。班瑞克這間特別的蒸餾廠，製作三款不同的單一麥芽威士忌，包括傳統的無泥煤、高地泥煤以及三次蒸餾的品項。在首席調酒師瑞秋・巴瑞（Rachel Barrie）的帶領下，傳承了嶄新的「三次蒸餾」傳統、罕見的自家地板式發麥、熟成，以及最後使用各種木桶過桶等創新的製作方式。

班瑞克 10 年〔BENRIACH The Original Ten〕

酒精｜43%　容量｜700ml

香氣｜● 蘋果　○ 香草　● 大麥麥芽
味道｜● 洋梨　● 餅乾　● 肉桂

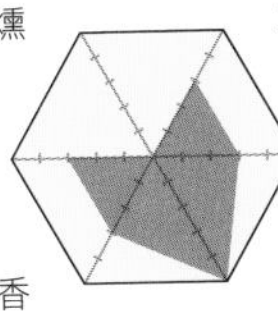

調性	
加冰塊	★★★★☆
水割	★★★☆☆
高球雞尾酒	★★★☆☆

我的推薦！

人人都喜愛的味道與品質

杏桃乾、伯爵茶、餅乾的香氣，味道不會太甜，就像是相當平衡的水果茶。可說是人人都會喜愛，品質令人放心的威士忌。

Other Variations

班瑞克 10 年煙燻
強而有力的泥煤香氣與類似新鮮水果的甘甜，兩者絕妙平衡的重泥煤類型。
● 酒精：46%　● 容量：700ml

格蘭愛琴

「白馬」的原酒，期待未來的發展

蘇格蘭／斯貝賽區埃爾金〔Glen Elgin〕　單一麥芽威士忌

聽到「查爾斯・多伊格（Charles Cree Doig）」這個名字有反應的話，應該是個很內行的威士忌迷。他是蘇格蘭的蒸餾廠建築師第一把交椅，蒸餾廠的塔型屋頂（Pagoda）就是他想出來的，他也曾負責泰斯卡、格蘭花格等多間蒸餾廠的設計，格蘭愛琴蒸餾廠也是他的作品之一。格蘭愛琴並不是每間酒吧都能看得到的經典品牌，因此知名度並不是太高，但該酒廠長期為「白馬」生產原酒，由此可知其品質之穩定。已故的威士忌評論家麥可・傑克森曾盛讚格蘭愛琴「未來將會以單一麥芽威士忌大放異彩！」

格蘭愛琴 12 年

〔Glen Elgin Aged 12 Years〕

酒精｜43%　**容量**｜700ml

香氣｜○柳橙　●可可豆　●肉桂

味道｜○柳橙　●巧克力　●堅果

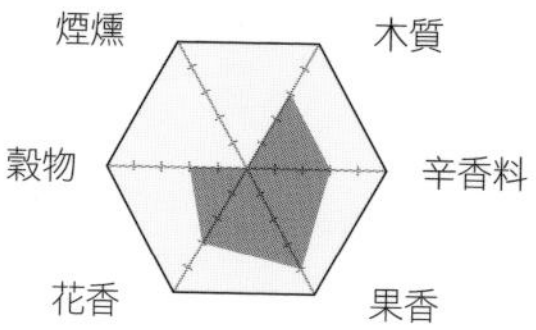

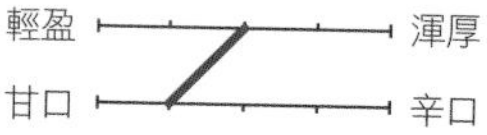

調性

加冰塊	★★★★★
水割	★★★☆☆
高球雞尾酒	★★★☆☆

我的推薦！

柳橙與蜂蜜的美好協奏

產自斯貝賽區的格蘭愛琴，特色就是有著宛如蓮花蜂蜜的清新甜美，以及酸酸甜甜的柳橙風味。充滿異國情調且平易近人的味道，廣獲許多人支持與喜愛，百喝不厭，很容易一杯接一杯。

格蘭伯吉

百齡罈核心蒸餾廠的單一麥芽威士忌

蘇格蘭／斯貝賽區埃爾金〔Glenburgie〕 單一麥芽威士忌

格蘭伯吉蒸餾廠為全球知名的調和威士忌品牌「百齡罈」生產威士忌基酒，這間酒廠自 1810 年創業起，持續製作威士忌超過兩百年，近年也開始生產單一麥芽威士忌，廣受各方好評。

百齡罈單一麥芽威士忌 15 年格蘭伯吉酒廠

〔Glenburgie 15 Years Old Ballantine's single malt〕

酒精｜40%　容量｜700ml

香氣｜花香　柑橘　香蕉

味道｜洋梨　大麥麥芽　香草

百齡罈基酒蒸餾廠推出的單一麥芽威士忌，帶有洋梨、紅蘋果香氣，充滿果味，特色是微甜的尾韻。

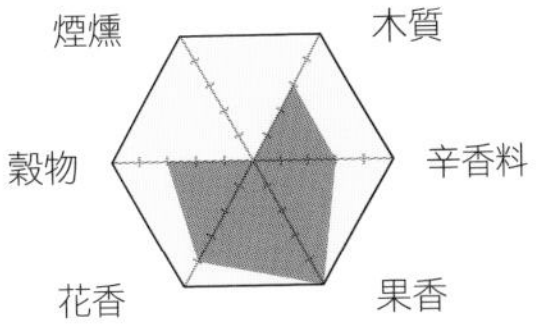

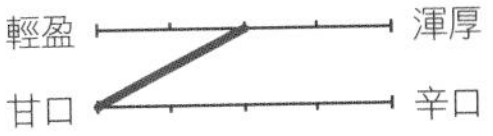

格蘭莫雷

來自聖地甜美且華麗的單一麥芽威士忌

蘇格蘭／斯貝賽區埃爾金〔Glenmoray〕 單一麥芽威士忌

1897 年於斯貝賽區的埃爾金開始生產威士忌，蒸餾用水源是附近的洛西河，蒸餾時使用的壺狀蒸餾器是直頸式洋蔥型，醞釀出特殊的熟成甜美、濃醇，外加華麗的味道。

格蘭莫雷 12 年〔Glen moray 12 Years Old〕

酒精｜40%　容量｜700ml

香氣｜柑橘　大麥麥芽　香草

味道｜蜂蜜　鳳梨　花朵

柔和的水果香氣與草原花朵、香草夾心酥、柳橙或洋梨這類舒服的甜味，爾後從麥芽轉為丁香的辛辣。這是一款 CP 值極高、平衡感非常好的斯貝賽威士忌。

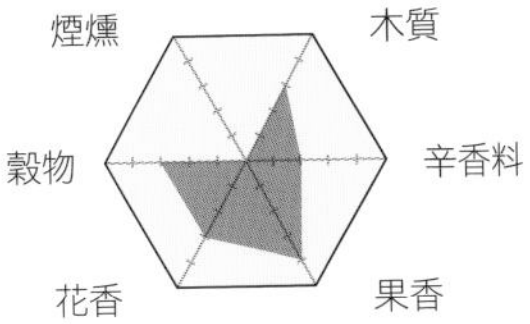

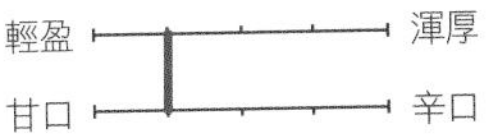

林克伍德

調酒師喜愛使用的花香調

蘇格蘭／斯貝賽區埃爾金〔Linkwood〕　單一麥芽威士忌

林克伍德位於斯貝賽區埃爾金的洛西河畔，由彼得・布朗（Peter Brown）在 1821 年成立。多年來始終保持味道不變。雖然在市場上知名度並不是特別高，但在調酒師之間一直都頗受好評。

林克伍德 12 年 UD 花與動物

〔Linkwood 12 Years Old UD Flora and Fauna〕

酒精｜43%　容量｜700ml

香氣｜◉ 花香　○ 香草　◉ 洋梨

味道｜◉ 蜂蜜　◉ 柳橙　◉ 大麥麥芽

紅玉蘋果的香氣，另外有一股甜美中帶點礦物感的香味，味道上也能充分感受到新鮮蘋果。酒質純淨，有非常好的平衡感。

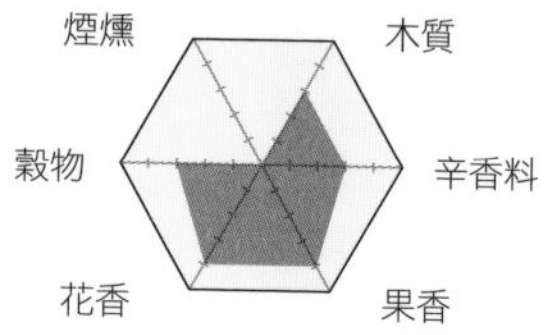

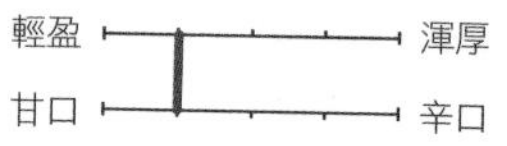

龍摩恩

竹鶴政孝曾上門學藝的斯貝賽實力

蘇格蘭／斯貝賽區埃爾金〔Longmorn〕　單一麥芽威士忌

日本威士忌之父竹鶴政孝到蘇格蘭後，一開始學習製作威士忌的地方就是龍摩恩蒸餾廠。在調酒師之間也是很受矚目的調和用原酒，和麥卡倫、格蘭花格並駕齊驅。

龍摩恩 18 年〔Longmorn 18 Years Old〕

酒精｜48%　容量｜700ml

香氣｜◉ 焦糖　◉ 肉桂　○ 香蕉

味道｜○ 白桃　● 蘋果　◉ 大麥麥芽

飽滿的橡木、肉桂與榛果風味，還有從杏桃、柳橙轉為洋梨、黃桃的水潤甜美，最後留下來自木桶複雜的尾韻。龍摩恩慣有的迷人成熟果實風味，令人印象深刻。

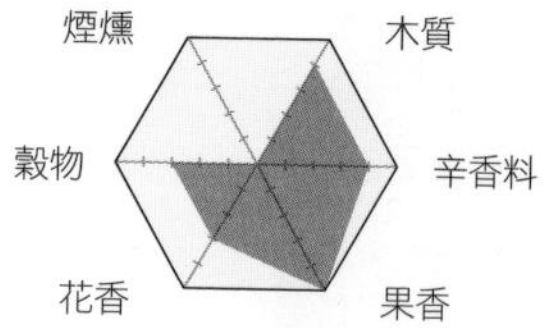

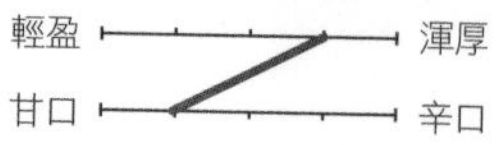

英尺高爾

帶有鹹味的一款，令稀有威士忌愛好者心癢癢

蘇格蘭／斯貝賽區巴基〔Inchgower〕 單一麥芽威士忌

以作為「貝爾斯調和威士忌」基酒而聞名的斯貝賽威士忌。自「花與動物系列」推出的原廠裝瓶款目前已經售完，因此可算是相當稀有的品項。

英尺高爾 14 年（UD 花與動物系列）

〔Inchgower 14 Years Old〕

酒精｜43%　容量｜700ml

香氣｜大麥麥芽　柑橘　香草

味道｜大麥麥芽　杏桃　鹽味

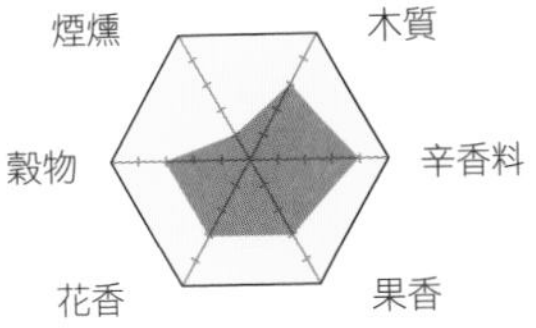

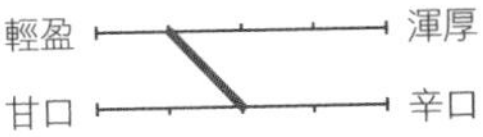

有別於島嶼威士忌的複雜香氣，入喉與酒杯中的餘香，就是像「海水巧克力」。很適合在想要轉換心情時當作第二杯酒，也是有趣的稱職配角。

格蘭基斯

來自近年重啟的蒸餾廠，輕快易飲的味道

蘇格蘭／斯貝賽區基斯〔Glen Keith〕 單一麥芽威士忌

格蘭基斯蒸餾廠，成立於蘇格蘭莫雷的基斯。一開始採用三次蒸餾等獨特且創新的生產方式，備受矚目。曾經停業很長一段時間，終於在 2014 年獲得起瓦士兄弟投資後重新啟動。

格蘭基斯酒廠限定版

〔Glen Keith Distillery Edition〕

酒精｜40%　容量｜700ml

香氣｜花香　香草　哈密瓜

味道｜青蘋果　大麥麥芽　蜂蜜

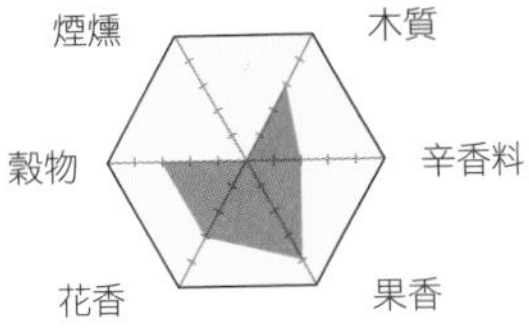

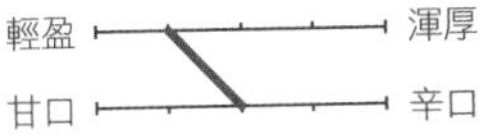

重啟後的第一號作品，一開始感受到洋梨、柳橙茶等水果香氣，味道輕盈柔和，是很好入口的一款。

雅墨

在神祕之地誕生的無泥煤酒款

蘇格蘭／斯貝賽區基斯〔Aultmore〕 單一麥芽威士忌

1897 年，亞歷山大．愛德華（Alexander Edward）在蘇格蘭斯貝賽區的「霧苔（Foggie Moss）」成立的蒸餾廠。在這裡製作的單一麥芽威士忌，最大特色就是無泥煤風格的清新香氣，以及帶辛口感的尾韻。

雅墨 12 年〔Aultmore Aged 12 Years〕

酒精｜46%　容量｜700ml

香氣｜大麥麥芽　洋梨　餅乾
味道｜香草　蜂蜜　柳橙

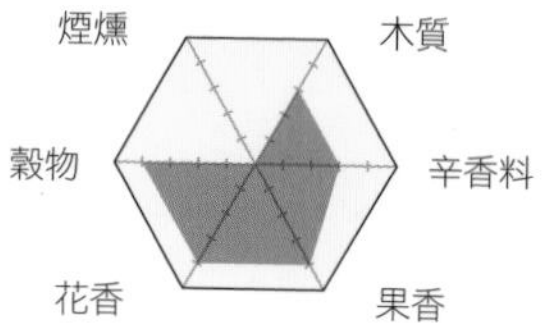

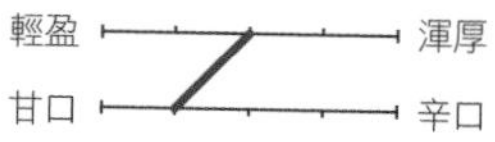

聞起來有香草、薄荷醇、微微的木質香、溫柔的柑橘類、洋梨和蘋果、薑和丁香，尾韻留有舒服的穀物麥類香味。用各種品飲方式都好喝，是很棒的一支酒，建議以高球雞尾酒方式享用。

史翠艾拉

精靈守護的泉水所蒸餾出的順口美酒

蘇格蘭／斯貝賽區基斯〔Strathisla〕 單一麥芽威士忌

在品飲調和威士忌「起瓦士」時，希望別忽略了其中作為基酒的史翠艾拉。這款基酒使用布魯姆希爾（Broomhill）著名古老泉源──布利恩斯泉（Fons Bulliens Well）湧出的天然水來製作威士忌。

史翠艾拉 12 年〔Strathisla Yeas 12 of Age〕

酒精｜40%　容量｜700ml

香氣｜白花　香草　柑橘
味道｜洋梨　大麥麥芽　柳橙

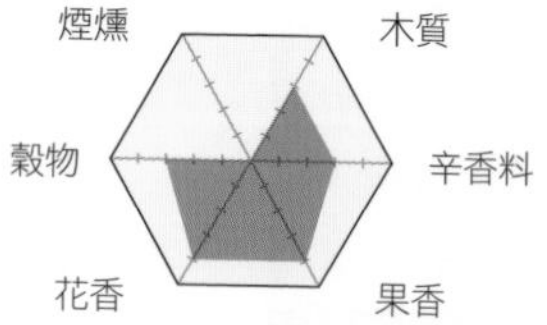

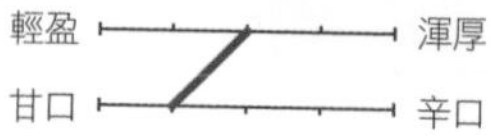

類似完熟蘋果或洋梨的香氣，以及巧克力蛋糕的風味，是史翠艾拉非常吸引人的單一麥芽威士忌品項，但目前已經停止販售，一般來說無法取得，非常可惜。

格蘭冠

清爽香氣，走紅義大利的蘇格蘭威士忌

蘇格蘭／斯貝賽區路思〔The Glen Grant〕　單一麥芽威士忌

法國、義大利等葡萄酒生產大國，也是蘇格蘭威士忌銷量較大的國家，在義大利賣得最好的就是格蘭冠，據說市占率高達七成。創業地點位於斯貝河下游的小城鎮——路思，是第一個引進電燈的蒸餾廠，採用相當創新的細長型壺狀蒸餾器，製作出符合格蘭冠精神「Simplicity」的清爽、純淨威士忌。爽口易飲，也非常好搭餐。希望大家能不受框架限制，享受奔放自由的感覺。

格蘭冠輕雪莉

〔The Glen Grant Arboralis〕

酒精｜40%　容量｜700ml

香氣｜大麥麥芽　柑橘　花香
味道｜香草　蜂蜜　柳橙

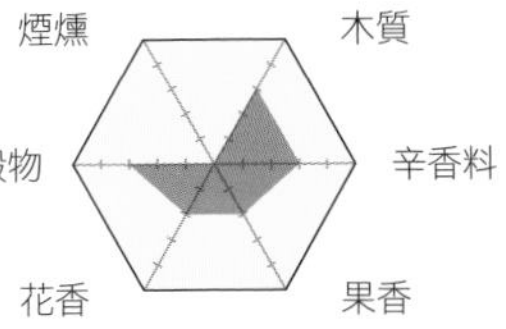

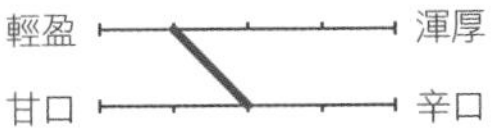

調性

加冰塊	★★★★☆
水割	★★★☆☆
高球雞尾酒	★★★★★

我的推薦！

辛口感香氣，甜美口味

樸實的麥香和柑橘，還有淡淡的乳酪氣味。不過，一入口就因為甜美的滋味大受震撼，顛覆辛口感香氣帶來的想像。此外，也有檸檬薑汁、檸檬蛋糕、柑橘類的味道。

Other Variations

格蘭冠 10 年
輕盈的口感中帶有水果果香的單一麥芽威士忌，曾獲得多個獎項。
● 酒精：40%　● 容量：700ml

格蘭冠 18 年
使用無泥煤麥芽，平易近人的口味，卻仍有飽滿甜美又華麗的香氣。
● 酒精：43%　● 容量：700ml

格蘭路思

全廠精選 5%！有濃郁果香的單一麥芽威士忌

蘇格蘭／斯貝賽區路思〔Glenrothes〕　單一麥芽威士忌

帥氣的瓶身象徵著從過去在蒸餾廠長期使用的樣本酒瓶，酒標上還印有品飲筆記建議、蒸餾年與首席調酒師的簽名，作為品質保證。同時也是「順風調和威士忌（Cutty Sark）」的基酒，原本就是調酒師公認的高品質原酒，而以單一麥芽威士忌出品的僅有全廠精選的 5%。在大型銅質壺狀蒸餾器中經過長時間蒸餾，移入高品質的橡木桶熟成，醞釀感覺像是香水般甜美、充滿果味且優雅的味道，完美均衡。

格蘭路思 10 年

〔The Glenrothes 10 Years Old〕

酒精｜40%　**容量**｜700ml

香氣｜◎柳橙　○香草　◎大麥麥芽

味道｜◎蜂蜜　◎鳳梨　●薑

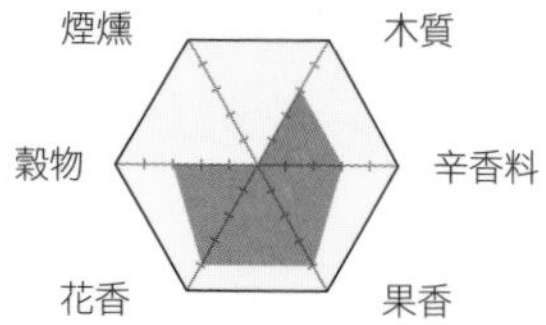

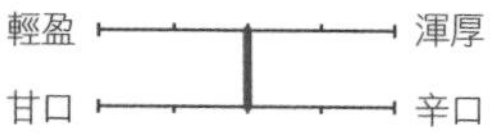

調性

加冰塊	★★★★☆
水割	★★★☆☆
高球雞尾酒	★★★★☆

我的推薦！

帶焦糖的卡士達布丁

焦糖、楓糖漿的甜甜香味，不過也會感覺到有點類似黏土的質感。入口後在口中擴散開來的是卡士達布丁的味道，最後則留下焦糖淡淡的苦味。

Other Variations

格蘭路思 Whisky Maker's Cut
採用西班牙傳統釀製雪莉酒的「索雷拉」手法，帶有香草、柳橙皮、肉荳蔻的風味。
● 酒精：48%　● 容量：700ml

格蘭路思 12 年
帶有香蕉、香草等華麗的香氣與味道，接著冒出甜味及淡淡的辛香料感。
● 酒精：40%　● 容量：700ml

凱普多尼赫

蓋爾語中代表「祕密之泉」的夢幻蒸餾廠

蘇格蘭／斯貝賽區路思〔Caperdonich〕　單一麥芽威士忌

凱普多尼赫蒸餾廠目前已經不復存在，這是 2020 年由保樂力加集團宣布的「Secret Speyside（神祕斯貝賽）」系列，因為原酒稀少，一年能供應的數量有限，成為每年限量的系列。

凱普多尼赫 21 年

〔Caperdonich 21 years old〕

酒精｜48%　容量｜700ml

香氣｜○香草　○柳橙　●洋梨
味道｜●大麥麥芽　○蜂蜜　○白桃

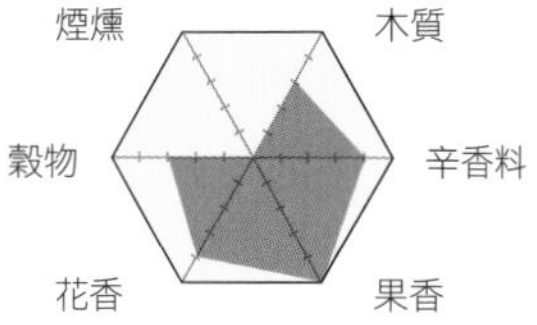

如同戀人幽會的「祕密之泉」的名稱，呈現溫柔、高雅的洋梨類風味。在輕柔的酒質中帶著花香、香草風味，不斷延續著甜美的尾韻，舒服到想要一直喝下去。

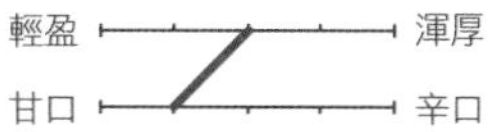

詩貝犇

率先引進滾筒式發麥設備的蒸餾廠

蘇格蘭／斯貝賽區路思〔Speyburn〕　單一麥芽威士忌

創業者約翰・霍普金斯（John Hopkins）為了追求更好的水質，在 1897 年於路思溪谷地區打造這間蒸餾廠。酒廠蓋得非常美，在蘇格蘭境內也是數一數二公認「與當地景致最協調的蒸餾廠」。

詩貝犇 10 年〔Speyburn Aged 10 Years〕

酒精｜40%　容量｜700ml

香氣｜●大麥麥芽　●蘋果　●薑
味道｜●大麥麥芽　●丁香　●Dry

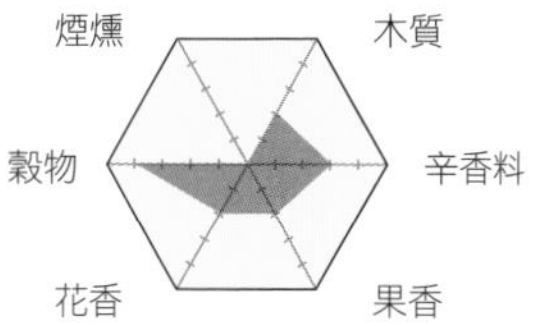

這款斯貝賽威士忌可以每天喝也喝不膩。麥芽甜味、檸檬果香、木質調辛香料，每種風味都很平均，恰如其分。最棒的是無論味道、價格，都不會太搶鋒頭，屬於一款讓人放心，十分安全且經濟實惠的單一麥芽威士忌。

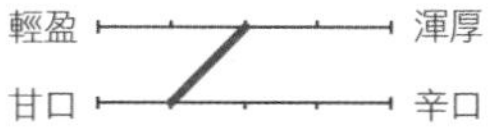

百富

使用多種木桶，變化出多樣化口味

蘇格蘭／斯貝賽區達夫鎮〔TheBalvenie〕　單一麥芽威士忌

是格蘭菲迪的兄弟蒸餾廠，「百富」名稱的由來，是取自附近的老城堡。至今仍堅守傳統的地板式發麥，隨時都能看到烘烤窯頂冒著泥煤的煙霧。此外，這間酒廠很積極地使用多種木桶，不僅有波本桶、雪莉桶，還有葡萄酒桶、波特酒桶、加勒比海蘭姆酒桶等組合，以少量生產方式製作各式各樣的威士忌。帶有如同蜂蜜般的甘甜，對單一麥芽威士忌入門者來說應該算是相對易飲的酒款。雖然和格蘭菲迪使用同樣的原料，但不同的用水和製程，製作出完全不同的作品，對照品飲兩個酒廠的酒款也別有趣味。

百富 12 年雙桶

〔The Balvenie Aged 12 Years Doublewood〕

酒精｜40%　　**容量**｜700ml

香氣｜● 肉桂　○ 黃桃　● 丁香

味道｜○ 柳橙　○ 蜂蜜　○ 大麥麥芽

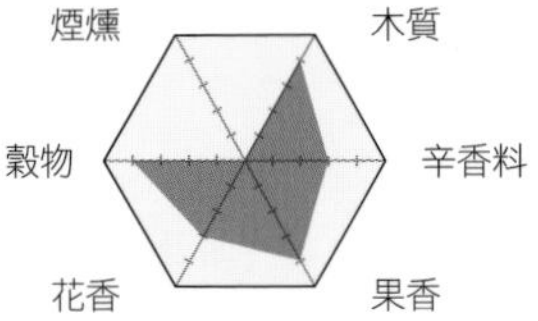

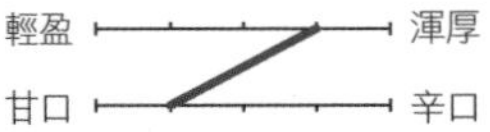

調性

加冰塊	★★★★★
水割	★★★★☆
高球雞尾酒	★★★★☆

我的推薦！

個性優雅，是女性會喜歡的一款

香氣非常濃郁，陸續出現宛如椰子粉、焦油、酯、柳橙蜂蜜之類的香氣，此外還有香蕉蛋捲、洋甘草、香草、核桃、可可等風味，堪稱是斯貝賽威士忌的絕佳範本。

Other Variations

百富加勒比海蘭姆桶 14 年

先在波本桶中熟成後，再換到加勒比海蘭姆酒桶中繼續熟成，帶有熱帶水果的豐潤感。　● 酒精：43%　● 容量：700ml

百富 21 年波特桶

經過 21 年熟成的麥芽威士忌，移入波特酒桶後繼續熟成的奢華款，擁有綿長豐富的尾韻。　● 酒精：40%　● 容量：700ml

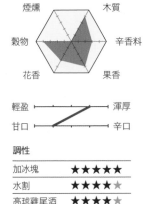

格蘭菲迪

全球最多人喝過的單一麥芽威士忌

蘇格蘭／斯貝賽區達夫鎮〔Glenfiddich〕　單一麥芽威士忌

即使是對單一麥芽威士忌還不熟悉的入門者，想必也曾看到吧台後方酒櫃上這款綠色三角柱外型的酒瓶吧？格蘭菲迪蒸餾廠創業於 1887 年，當時是由全家人總動員手工打造，連設備也全是二手貨。在目前愈來愈多酒廠將發麥等作業外包的時代，格蘭菲迪仍維持從蒸餾到裝瓶全程包辦的傳統。格蘭菲迪的商標是一頭鹿，這是因為「Glenfiddich」從蓋爾語直譯的意思就是「鹿之谷」。這是目前全球最多人喝過的單一麥芽威士忌，新手千萬別錯過。

格蘭菲迪 12 年

〔Glenfiddich 12 Years〕

酒精｜40%　**容量**｜700ml

香氣｜● 青蘋果　● 大麥麥芽　○ 香草
味道｜○ 柳橙　○ 蜂蜜　● 烤吐司

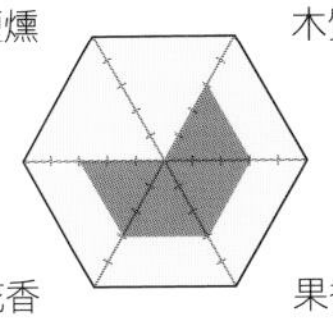

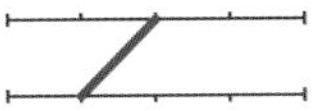

調性

加冰塊	★★★★☆
水割	★★★★☆
高球雞尾酒	★★★★☆

我的推薦！

紓解終日疲勞的第一杯

格蘭菲迪的特色在於充滿水果的清新香氣，以及輕快風味與喉韻。或許因為酒質輕盈的關係，在許多麥芽威士忌迷心目中的地位沒那麼高，其實這是一款非常棒的餐前酒，做成高球雞尾酒也很好喝。

Other Variations

格蘭菲迪 15 年（Solera Reserve）
和雪莉酒一樣，採用索雷拉系統熟成，在濃醇的味道中可以感受到肉桂或薑的風味。
● 酒精：40%　● 容量：700ml

格蘭菲迪 18 年（Small Batch Reserve）
來自 Oloroso 雪莉桶與傳統美國橡木桶的甜美水果口味，酒體飽滿。
● 酒精：40%　● 容量：700ml

慕赫

香醇且強而有力的高級單一麥芽威士忌

蘇格蘭／斯貝賽區達夫鎮〔Mortlach〕　單一麥芽威士忌

這是斯貝賽區中心達夫鎮第一間獲得政府許可的蒸餾廠。過去在這裡製作的原酒，大多是用於調和威士忌「約翰走路」，但後來也推出單一麥芽威士忌來開拓市場。值得一提的是這間酒廠採用的蒸餾法，一般來說，麥芽威士忌會經過兩次蒸餾，但這裡以複雜搭配組合六座蒸餾器，達到「2.81 次」的特殊蒸餾次數。味道則呈現出香醇又強而有力的特色，在威士忌迷間稱之為「達夫鎮野獸」。

慕赫 12 年

〔Mortlach Aged 12 Years〕

酒精｜43.4%　**容量**｜700ml

香氣｜● 杏桃　● 皮革　● 大麥麥芽

味道｜● 堅果　● 蘋果　● 肉桂

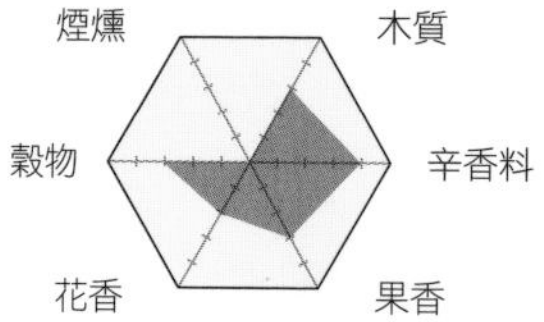

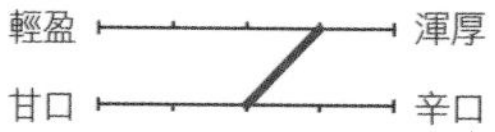

調性

加冰塊	★★★★☆
水割	★★★★☆
高球雞尾酒	★★★☆☆

我的推薦！

品嘗得到奶茶和餅乾的風味

木桶與大麥的香氣非常均衡的斯貝賽威士忌，含在口中可感受到類似奶茶、餅乾的味道，還帶有芹菜的風味。不會過於甜膩，收尾帶有辛香料的微辣感。

Other Variations

慕赫 16 年

展現慕赫風格，酒體飽滿，強勁且充滿野性；香醇感與華麗果香格外突出。　● 酒精：43.4%　● 容量：700ml

慕赫 20 年

在歐洲橡木桶內熟成最少 20 年，濃醇且複雜的口感中帶有圓潤與成熟的沉著。　● 酒精：43.4%　● 容量：700ml

格蘭利威

蘇格蘭斯貝賽地區第一間政府認可的蒸餾廠

蘇格蘭／斯貝賽區利威〔The Glenlivet〕　單一麥芽威士忌

蘇格蘭威士忌曾經有過一段私釀的歷史，格蘭利威的創辦人喬治．史密斯也不例外，然而在 1823 年課稅放寬之後，隔年就率先取得了政府公認的蒸餾執照。至於為什麼蒸餾廠的名稱要加上「The」？據說，因為「The Glenlivet」的高品質與好名聲，讓當時許多蒸餾廠都跟著掛上「Glenlivet」的名號，為了有所區別，酒廠才加上定冠詞。品項系列豐富，推薦可以垂直品飲不同熟成年分的作品，來感受一下差異。

格蘭利威 12 年

〔The Glenlivet 12 Years of Ag〕

酒精｜40%　**容量**｜700ml

香氣｜○柑橘　●洋梨　●大麥麥芽

味道｜○香草　●蜂蜜　●柳橙

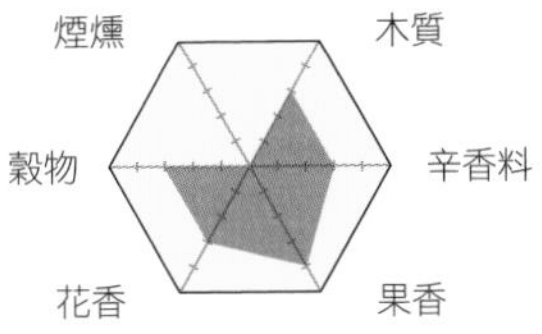

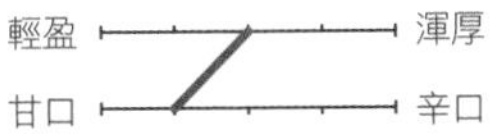

調性

加冰塊	★★★★★
水割	★★★★★
高球雞尾酒	★★★★★

我的推薦！

多年來持續熱銷的是什麼味道？

有句話說「過與不及」，而格蘭利威的優點就是甜美的果香與喝起來舒服的「恰到好處」，可以感受到在威士忌界維持近兩百年顛峰「恰到好處」不變的美味。

Other Variations

格蘭利威 18 年
完熟洋梨的香氣，在淡淡橡木桶香的基底中透出奶油軟糖、辛香料、柳橙的風味。　● 酒精：40%　● 容量：700ml

格蘭利威 12 年黑市聖水（Illicit Still）
採取 1800 年代不進行冷凝過濾的製法，更強調果香華麗感的味道。　● 酒精：48%　● 容量：700ml

亞伯樂

在法國獲得壓倒性支持的優雅佳釀

蘇格蘭／斯貝賽區斯貝河中下游〔Aberlour〕　單一麥芽威士忌

創立於 1826 年，但酒標上印的是 1879 年，這是當時因火災燒毀的蒸餾廠，重建成目前美麗的維多利亞王朝建築物的那一年。原料僅用產自蘇格蘭的大麥，熟成則使用雪莉桶與波本桶，在法國是格外知名的高級佳釀。

亞伯樂 A'bunadh〔Aberlour A'bunadh〕

酒精｜59.7%　容量｜700ml

香氣｜● 葡萄乾　● 巧克力　● 肉桂
味道｜● 木質　○ 柳橙　● 焦糖

帶有歐洲家具、杏桃乾、綠薄荷的香氣（酒精濃度高，要留意刺激感）。味道濃郁，類似櫻桃、奶油葡萄乾、可可豆等，是一款很優雅的好酒。

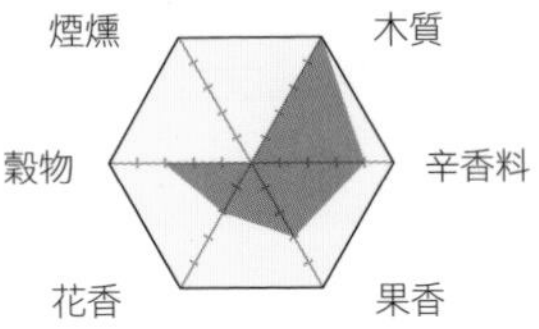

卡杜

由女性孕育出的斯貝賽威士忌

蘇格蘭／斯貝賽區斯貝河中下游〔Cardhu〕　單一麥芽威士忌

現在是銷售量第一、知名的調和威士忌「約翰走路」的原酒供應者，但最初是農民約翰．卡明（John Cumming）在務農之餘生產的私釀酒（在 1824 年取得政府的蒸餾執照）。

卡杜 12 年〔Cardhu 12 Years Old〕

酒精｜40%　容量｜700ml

香氣｜○ 香草　● 大麥麥芽　○ 柑橘
味道｜● 蘋果　● 花香　○ 柳橙

如果喜歡淡淡的甜香、圓潤的風味，那麼很推薦這款卡杜。酒體輕盈，仍有豐富的麥芽風味與令人聯想到石楠蜂蜜的香醇，是最大的魅力。

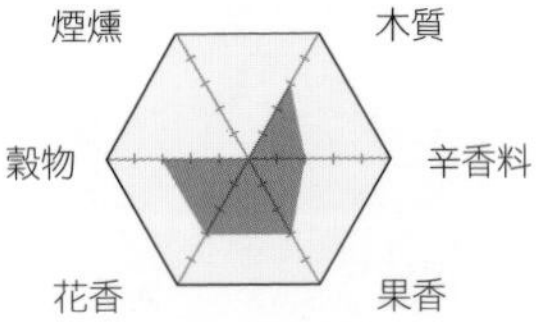

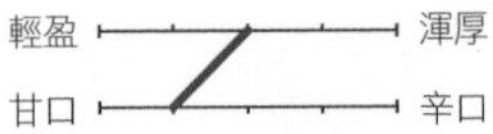

克拉格摩爾

由偉大的威士忌職人創辦

蘇格蘭／斯貝賽區斯貝河中下游〔Cragganmore〕

單一麥芽威士忌

就算不是威士忌迷，也應該聽過麥卡倫、格蘭利威等單一麥芽威士忌的知名品牌名稱。而克拉格摩爾，就是由曾在這些蒸餾廠任職的資深蒸餾師——約翰·史密斯（John Smith）所創立。據說他是個重度鐵道迷，因此把蒸餾廠蓋在鐵路旁，並且從鐵道拉一條專用的路線到酒廠內，輸送原料及進出製作好的威士忌，「克拉格摩爾」的酒標上繪有鐵道插圖，也是這個原因。至於味道走的是優雅且嚴肅的調性，它同時也是調和威士忌「老伯（Old Parr）」的基酒。

克拉格摩爾 12 年

〔Cragganmore 12 Years Old〕

酒精｜40%　容量｜700ml

香氣｜○柳橙　○香草　●薄荷
味道｜●杏桃　●大麥麥芽　●丁香

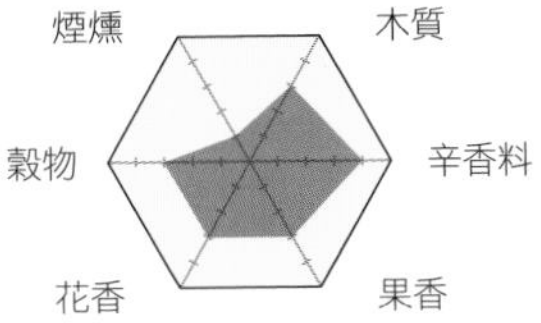

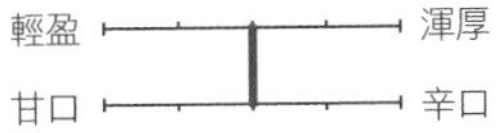

調性

加冰塊	★★★★★
水割	★★★☆☆
高球雞尾酒	★★★★☆

我的推薦！

老伯的基酒

克拉格摩爾有著華麗的香氣與飽滿酒體，是斯貝賽區具代表性的單一麥芽威士忌。可感受到花香、香草及蜂蜜的風味，喉韻滑順，尾韻也非常明顯深刻。

Other Variations

克拉格摩爾酒廠限定版
在波特酒木桶進行第二次熟成，比 12 年版有更多果香，帶有淡淡煙燻感。　●酒精：40%　●容量：700ml

艾樂奇

近年終於獨立，聳立於山谷中的白牆蒸餾廠

蘇格蘭／斯貝賽區斯貝河中下游〔Glen Allachie〕 單一麥芽威士忌

艾樂奇蒸餾廠位於亞伯樂村郊外，於 1967 年成立。最初是以供應調和威士忌原酒為主，但 2017 年脫離大品牌後獨立，現在則是斯貝賽區的單一麥芽威士忌蒸餾廠。

艾樂奇 12 年〔GlenAllachie 12 years old〕

酒精｜46%　容量｜700ml

香氣｜◎ 杏桃 ● 堅果 ◎ 肉桂
味道｜○ 柳橙 ◎ 大麥麥芽 ◎ 薑

艾樂奇蒸餾廠的旗艦酒款，在多半走華麗輕快風格的斯貝賽威士忌之中，屬於少有的類型，特色是紮實的結構與多層次的豐富味道。

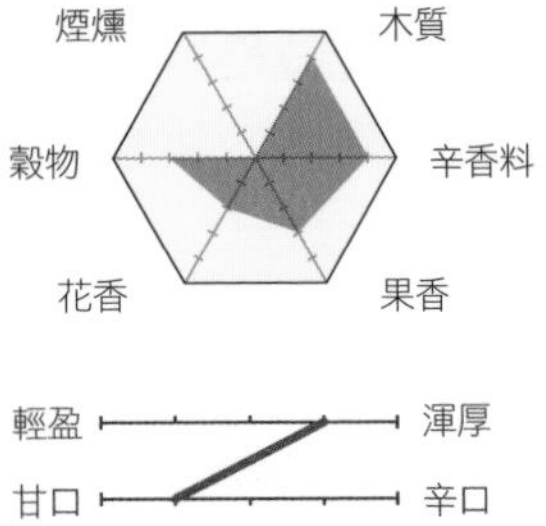

魁列奇

堅守傳統製法的厚重口味

蘇格蘭／斯貝賽區斯貝河中下游〔Craigellachie〕 單一麥芽威士忌

1891 年創立的魁列奇蒸餾廠，以燃油方式烘烤麥芽，在過程中會產生硫磺氣味，讓酒的味道較重。此外，在烈酒的冷卻上使用傳統的蟲桶冷凝器，產生特殊的風味。

魁列奇 13 年〔Craigellachie 13 years old〕

酒精｜46%　容量｜700ml

香氣｜○ 辛香料 ◎ 柳橙 ◎ 大麥麥芽
味道｜● 油脂 ◎ 薑 ◎ 杏桃

紮實的酒體，帶著丁香、肉桂的辛辣感，洋梨與柳橙的豐潤甜味，轉為堅果、辛口感之後，留下複雜的尾韻。肉脂感的渾厚酒質與濃醇的水果甜味，令人印象深刻。

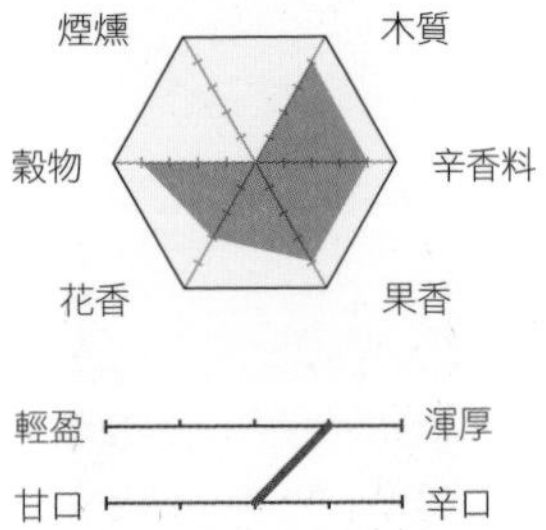

格蘭花格

吸引眾多愛好者的雪莉酒香氣

蘇格蘭／斯貝賽區斯貝河中下游〔Glenfarclas〕
單一麥芽威士忌

格蘭花格蒸餾廠是由家族經營，這種型態在現代已經愈來愈少見了。這間酒廠有豐富多樣的品項，深得眾多酒友支持。蒸餾廠位於恬靜的田園地區，用水來自本利林山湧出的泉水。使用斯貝賽地區最大的壺式蒸餾器，並堅守直接加熱的方式，能感受到更多風味。此外，從首次桶到四次桶，採用多種雪莉桶，營造出理想的味道，這個堅持也從創業時延續到現在，從未改變；雪莉酒的甜味中融合了麥芽風味，舒服的尾韻綿延不絕。

格蘭花格 15 年

〔Glenfarclas Aged 15 years〕

酒精｜46%　**容量**｜700ml

香氣｜● 肉桂　○ 柳橙　● 可可豆
味道｜● 莓果類　○ 柳橙　● 植物

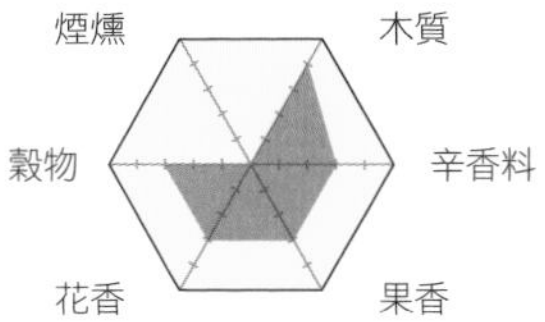

輕盈 ——|—— 渾厚
甘口 ——|—— 辛口

調性

加冰塊	★★★★★
水割	★★★★☆
高球雞尾酒	★★★★★

我的推薦！

慰藉一天的辛勞，乾杯！

恰到好處的泥煤感，類似帶有恰到好處苦味的咖啡，最適合在一天的尾聲飲用。雖然能感受到宛如果乾的風味，卻沒有表面的甜味，是不折不扣的雪莉麥芽威士忌，非常適合作為餐後酒。

Other Variations

格蘭花格 21 年
豐富的香氣與味道，像是淋上蜂蜜的麥芽、果乾、烘烤堅果、松露等。 ● 酒精：43% ● 容量：700ml

格蘭花格 105
不僅有強勁的辛口感，同時也具備圓潤柔順的風格，加一點水會感覺更加甘甜。 ● 酒精：60% ● 容量：700ml

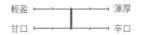

麥卡倫

威士忌界中的勞斯萊斯

蘇格蘭／斯貝賽區斯貝河中下游〔The Macallan〕

單一麥芽威士忌

英國老牌高級百貨公司「哈洛德（Harrods）」在該公司出版的《威士忌讀本》中曾盛讚麥卡倫是「單一麥芽威士忌中的勞斯萊斯」，自此酒廠聲名大噪。該酒廠最講究的就是雪莉桶，甚至是將自家打造的新桶無償出借給雪莉酒廠商，待雪莉酒熟成之後再歸還木桶，作為麥卡倫威士忌熟成之用。帶著深紅琥珀色的酒液與高雅的芳香，充分沾染了雪莉桶的風味，是麥卡倫才有的特色。在電影《007：空降危機》（2012 年）中，因應龐德系列電影上映 50 週年，在片中龐德（丹尼爾・克雷格飾演）也有品飲麥卡倫 50 年酒款的橋段。

麥卡倫 12 年〔The Macallan 12 Years Old〕

酒精｜40%　容量｜700ml

香氣｜● 肉桂　● 巧克力　● 葡萄乾

味道｜○ 柳橙　● 焦糖　● 薑

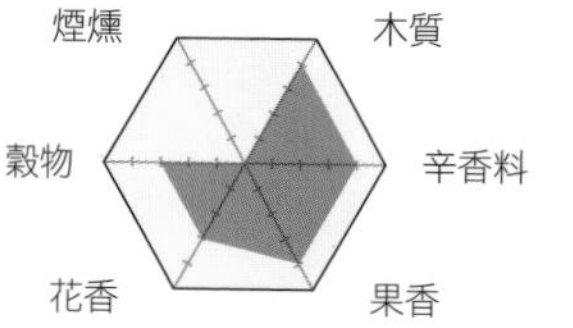

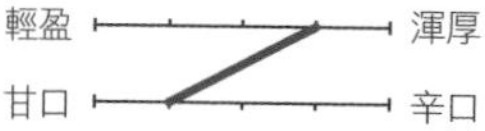

調性

加冰塊	★★★★★
水割	★★★★☆
高球雞尾酒	★★★☆☆

平易近人的高級車

改款為連入門者也能輕鬆品飲的雪莉桶威士忌，味道令人聯想到深橙色的太妃糖，帶點甜味的辛辣感，是相當均衡的主流威士忌。

Other Variations

麥卡倫 18 年
僅使用在精選雪莉桶中熟成 18 年以上的麥芽威士忌，是最能代表麥卡倫的一款。 ● 酒精：43%　● 容量：700ml

麥卡倫 12 年黃金三桶（Triple Cask）
將三種不同木桶中熟成的原酒，以絕佳比例混合而成，味道圓潤纖細。 ● 酒精：40%　● 容量：700ml

納坎度

專門生產年分威士忌的蒸餾廠

蘇格蘭／斯貝賽區斯貝河中下游〔Knockando〕　單一麥芽威士忌

一般來說，威士忌會將不同熟成年數的原酒混合或調和製成。然而，年分威士忌則是僅使用單一季的原酒裝瓶，這間酒廠的威士忌就都全是年分單一麥芽威士忌。

納坎度 12 年〔Knockando 12 Years of Age〕

酒精｜43%　容量｜700ml

香氣｜○柳橙　○香草　●大麥麥芽
味道｜●杏桃　●花香　○蜂蜜

纖細的花香，各方面均衡的一款好酒，帶有堅果、水果風味，辛口且爽快的尾韻。適合餐前飲用，不過水割或做成高球雞尾酒的話搭餐也很棒。

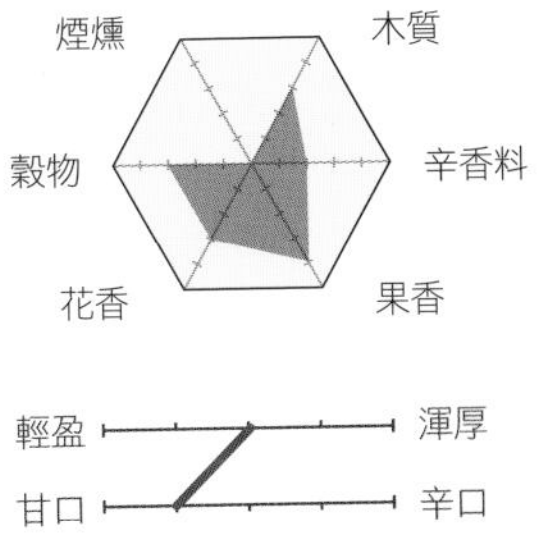

坦杜

重現創業之初單一麥芽威士忌的味道

蘇格蘭／斯貝賽區斯貝河中下游〔Tamdhu〕　單一麥芽威士忌

「Tamdhu」在蓋爾語的意思是「黑色山丘」，這個地區拜優質水源之賜，過去稱為「私釀者之谷」。這間蒸餾廠因替「威雀」製作原酒而聞名，擁有將近 120 年的歷史，在 2012 年被伊恩・麥克勞德公司（Ian Macleod）買下重新出發。

坦杜 12 年〔Tamdhu 12 years old〕

酒精｜43%　容量｜700ml

香氣｜●李子　●無花果　●巧克力
味道｜●肉桂　●焦糖　○柳橙

100 年來堅持百分之百雪莉桶熟成，傳統的味道在肉桂類的木桶香中，透著些微完熟香蕉的甜美與淡淡的葡萄乾風味，屬於不厚重的療癒系雪莉桶威士忌。

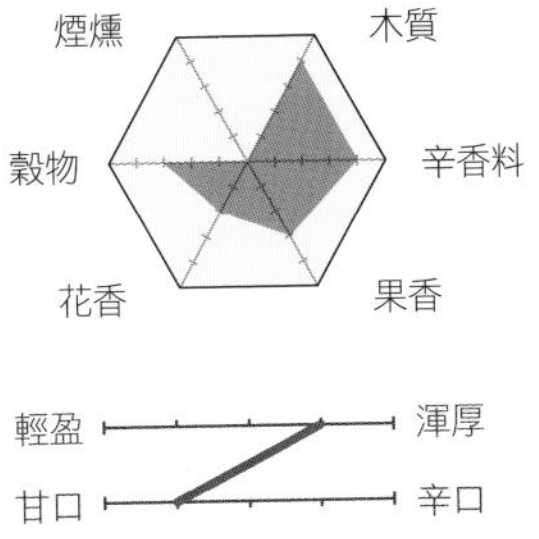

風味溫和，感受得到恬靜的自然風土

◀ 蘇格蘭首都愛丁堡。

位於蘇格蘭南側的低地區，有首都愛丁堡和商業中心格拉斯哥，總人口超過半數都居住在這一區。不同於險峻山地分布的高地區，這裡多低地，雖然東西南北稍微有些差異，整體而言，一眼望去都是自然環繞的恬靜田園風光。

這一區過去也有許多麥芽威士忌蒸餾廠，但為了逃避重稅，威士忌業者紛紛遷往高地區及斯貝賽區，留在這裡的業者不得已之下，改用比大麥便宜的玉米等原料來製作威士忌（也有人認為，這就是穀物威士忌的起源）。

因為這樣，低地區的傳統麥芽威士忌蒸餾廠只有歐肯（Auchentoshan）、格蘭昆奇等寥寥可數。然而，近年來有包括布萊德諾赫（Bladnoch）、達夫特米爾（Daftmill）、金斯邦斯（Kingsbarns）等蒸餾廠陸續新成立或重啟。

▲ 低地區一眼望去的低矮丘陵與平原。

低地區威士忌最大的特色，就是「輕盈」，相較於其他產區幾乎都採用二次蒸餾的製法，低地區的傳統則是三次蒸餾，經過比一般較多的蒸餾過程，會讓酒的味道變得溫和且輕盈。然而，即使「輕盈」也不代表毫無個性，每間蒸餾廠依然保有各自的特色。此外，低地區的另一項特色是有多間傳統穀物威士忌蒸餾廠，還有調和及麥芽威士忌生產者。

▼ 位於格拉斯哥郊米爾的歐肯蒸餾廠。

艾莎貝

清爽口味中淡淡的海水提味

蘇格蘭／低地區〔Ailsa Bay〕　單一麥芽威士忌

2007 年由格蘭父子（William Grant & Sons）於旗下的格文蒸餾廠中增設而成。主要製作五類麥芽威士忌（清爽、甜味以及三款泥煤類），也提供「格蘭（Grant's）」等調和威士忌用的原酒。

格蘭父子 Aerstone 10 年海洋桶

〔Aerstone Aged 10 Years Sea Cask〕

酒精｜40%　**容量**｜700ml

香氣｜洋梨　香草　青蘋果

味道｜大麥麥芽　柑橘　油脂

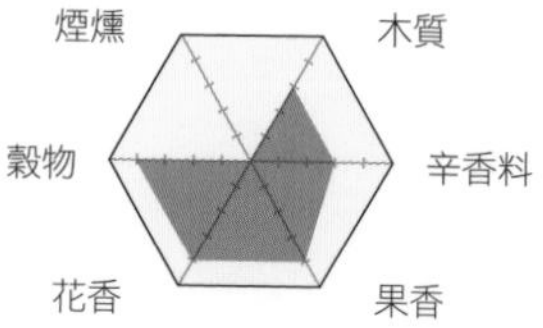

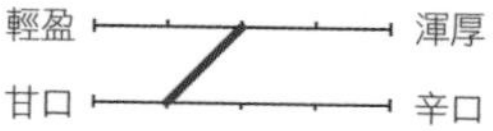

「海洋桶」，故名思義是在接近海邊的酒窖裡熟成的無泥煤產品。柔和平順的風味，帶有淡淡的海風提味，感覺舒適。

安南達爾

跨越歷史的承諾

蘇格蘭／低地區〔Annandale〕　單一麥芽威士忌

1830 年代創立，屬歷史悠久的蒸餾廠，雖在 1921 年曾一度關閉，卻在將近一世紀之後復活。目前有一座酒汁蒸餾器以及兩座烈酒蒸餾器，秉持講究的製程，生產泥煤與無泥煤的原酒。

拉特瑞獨立裝瓶廠，
安南達爾首次波本桶 3 年

〔AD Rattray Annandale 1st First Fill Bourbon 3 years old 2015〕

酒精｜61.4%　**容量**｜700ml

香氣｜煙燻　大麥麥芽　香草

味道｜薑　檸檬　黑土

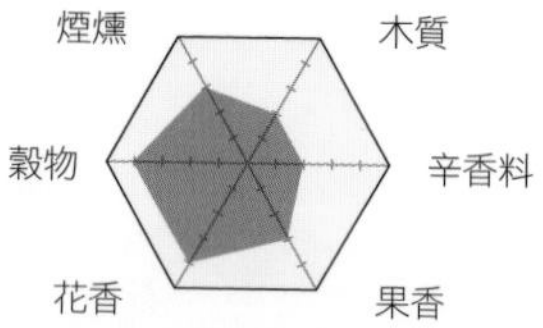

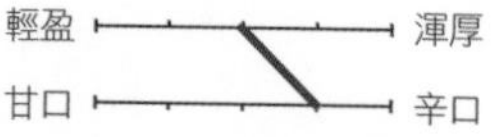

重泥煤，帶有青澀香蕉、香草、麥芽、乾煙燻、麵包酵母的氣味。酒體有香草及麥味，明顯的煙燻味感覺澄清潔淨，尾韻帶點苦。

歐肯

唯一堅守低地區三次蒸餾傳統的名門酒廠

蘇格蘭／低地區〔Auchentoshan〕 單一麥芽威士忌

歐肯蒸餾廠位於蘇格蘭最大城市格拉斯哥西北側約 16km，在氣候穩定的低地區，多數威士忌都是走酒體輕盈的風格，歐肯更是其中的代表，最大特色就是遵行低地區傳統的「三次蒸餾」。一般來說，麥芽威士忌通常採用兩次蒸餾，這間酒廠的三次蒸餾可得到酒精濃度濃縮超過十倍的原酒，酒體輕盈，口味清爽，作為餐前或搭餐酒都很適合。近年還整修了遊客中心，從格拉斯哥前往非常方便，成功吸引許多前去參觀的遊客。

歐肯 12 年

〔Auchentoshan 12 Years Old〕

酒精｜40%　容量｜700ml

香氣｜大麥麥芽　杏桃　香草
味道｜堅果　油脂　柳橙

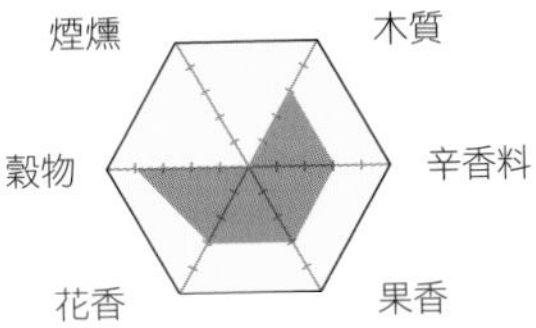

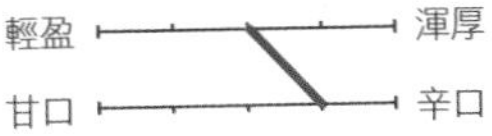

調性

加冰塊	★★★★☆
水割	★★★☆☆
高球雞尾酒	★★★★☆

我的推薦！

三次蒸餾後的 12 年熟成

楓糖糖漿、亞麻仁油的香氣，留有年輕雪莉桶的紮實香氣。味道上偏辛口，甜味較少，帶點鹽煮豆子、麥芽糖、彈藥煙硝風味，最後是低地區風格的柔順收尾。

布萊德諾赫

位於蘇格蘭最南端的名門酒廠全面復興

蘇格蘭／低地區〔Bladnoch〕　單一麥芽威士忌

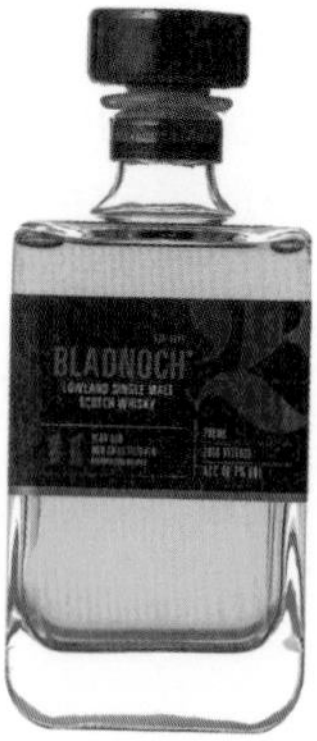

蒸餾廠座落在布萊德諾赫河沿岸一排石材建築之間，成立於 1817 年。雖然歷經多次易主，也曾暫時關閉，終於在 2015 年復業、2017 年重啟生產。因為新的經營者進駐，生產設備也全部更新，目前產量為一年 150 萬公升。

格布萊德諾赫 11 年

〔Bladnoch 11 Years Old〕

酒精｜46.7%　容量｜700ml

香氣｜● 莓果類　● 杏桃　● 肉桂
味道｜● 玫瑰　○ 香草　● 大麥麥芽

感受到麥、檸檬、香草加上奶油的香氣。樸素麥甜及大麥糖的味道，並且帶一絲刺激的辛香料感。

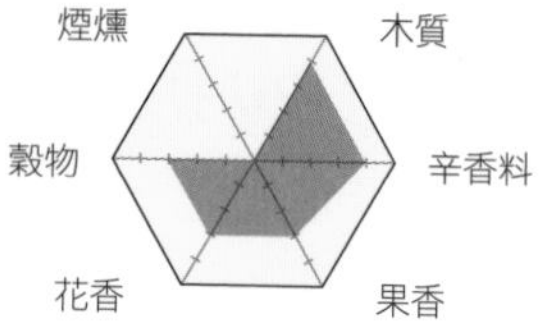

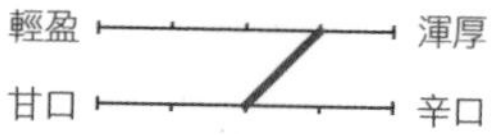

德夫磨坊

在日本很難遇見的自製傳統風味

蘇格蘭／低地區〔Daftmill〕　單一麥芽威士忌

2005 年由弗朗西斯、伊恩這對卡斯伯特兄弟（Francis Cuthbert, Ian Cuthbert）在低地區法夫（Fife）成立。沿襲 18 世紀傳統的農場蒸餾廠的形式，百分之百使用自家種植的大麥來製作威士忌，每年產量僅有兩萬公升，出口到國外的量也非常少。

德夫磨坊 2008 單一桶

〔Daftmill 2008 single cask〕

酒精｜46%　容量｜700ml

香氣｜○ 大麥麥芽　● 花香　○ 香草
味道｜● 蘋果　● 烤吐司　● 胡椒

農場蒸餾廠特有的單一桶原桶強度類型，充分展現了麥芽風味。自家農場悉心栽種的 Optic 大麥，澈底展現麥芽的香甜。

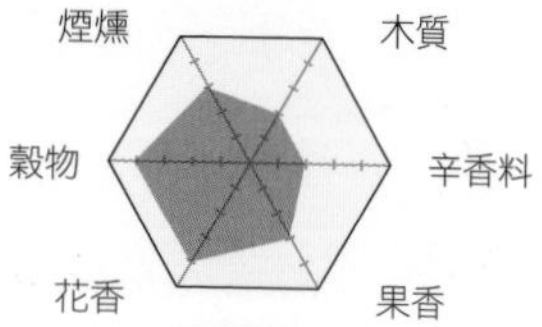

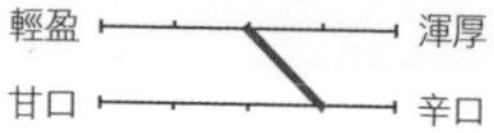

格蘭昆奇

非常適合搭配日本料理

蘇格蘭／低地區〔Glenkinchie〕 單一麥芽威士忌

若要用一句話來形容格蘭昆奇的個性，就是「輕盈」，這是來自蘇格蘭最大蒸餾器的成果。非常適合搭配壽司、炸蝦等日本料理，遇到想要稍微跳脫既定餐酒搭配框架時，不妨試試看，把平常喝日本酒的豬口杯換成威杯也沒問題。格蘭昆奇酒廠周邊是個很有名的大麥產地，蘇格蘭的國民詩人勞勃．伯恩斯（Robert Burns）也曾盛讚過這片風光，這裡距離首都愛丁堡不過 20 英里，也是很受歡迎的觀光景點。

格蘭昆奇 12 年

〔Glenkinchie 12 Years Old〕

酒精｜43%　**容量**｜700ml

香氣｜花田　香草　柑橘
味道｜洋梨　大麥麥芽　薑

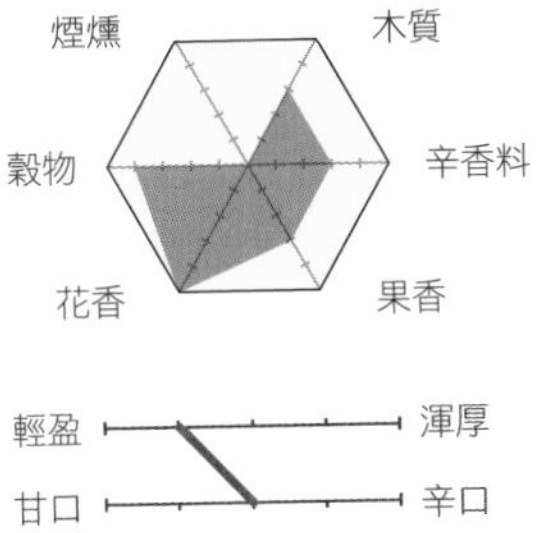

調性

加冰塊	★★★★☆
水割	★★★★☆
高球雞尾酒	★★★☆☆

我的推薦！

適合在假日午後，拿杯酒邊喝邊看書

可以聯想並感受到低地區廣大牧草草原的青草香氣，以及清爽柔和的麥芽甜味，喉韻香醇圓潤。基本上是適合餐前的麥芽威士忌，但餐後純飲也不錯。

Other Variations

格蘭昆奇酒廠限定款（Distillers Edition）
在 Amontillado 雪莉桶進行第二次熟成，甜味與辛口感兼顧，完全提升到另一個層次。
● 酒精：40%　● 容量：700ml

格拉斯哥

相隔 110 年再次復甦，
位於大都市格拉斯哥的蒸餾廠

蘇格蘭／低地區〔Glasgow〕 單一麥芽威士忌

蘇格蘭最大的城市格拉斯哥，過去有多達數百間蒸餾廠。2015 年，相隔 110 年再次誕生的格拉斯哥蒸餾廠，從蒸餾設備、原料都講究最高品質，製作優質威士忌。

1770 格拉斯哥單一麥芽威士忌

〔1770 Glasgow Single Malt〕

酒精｜46%　**容量**｜500ml

香氣｜● 油脂　● 香草　● 洋甘草
味道｜○ 柳橙　● 大麥麥芽　● 植物

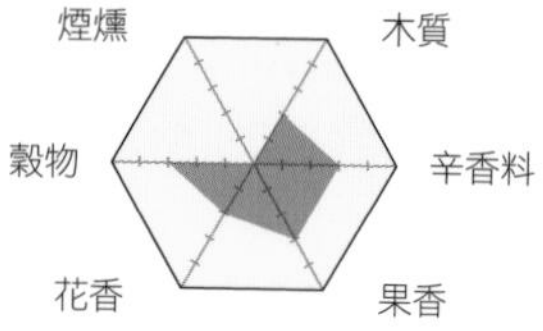

使用最高等級的蘇格蘭大麥以及來自卡特琳湖（Loch Katrine）純淨水源。於首次波本桶中熟成，以非冷凝過濾製成，呈現柔順及帶有水果的味道。

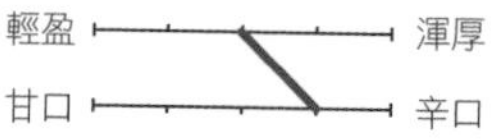

帝夢

對於木桶極度講究的低地區新銳

蘇格蘭／低地區〔Kingsbarns〕 單一麥芽威士忌

低地區的金斯邦斯在 2014 年新成立這間蒸餾廠，主要使用來自美國海悅（Heaven Hill）酒廠的首次波本桶。此外，也搭配使用葡萄牙產的 STR 紅酒桶或雪莉桶，營造出複雜的味道。

帝夢 Dream to Dram

〔Kingsbarns Dream to Dram〕

酒精｜46%　**容量**｜700ml

香氣｜● 大麥麥芽　● 花香　○ 香草
味道｜● 蘋果　● 烤吐司　● 胡椒

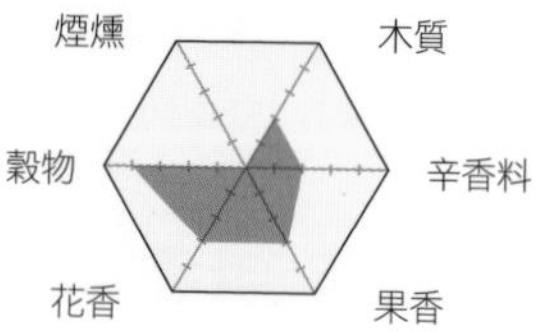

依序感受到麥味、檸檬到香蕉的甜味、青草氣息、香草及淡淡蜜香，接著是胡椒的辛辣及薑味，最後靜靜消散無蹤。適合調杯濃一點的高球雞尾酒，或是加冰塊喝。

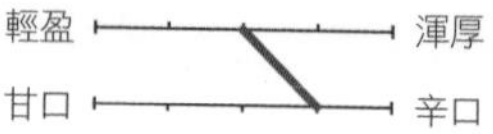

玫瑰河畔

有「低地區之王」稱號的名門酒廠

蘇格蘭／低地區〔Rosebank〕　單一麥芽威士忌

玫瑰河畔蒸餾廠誕生於 1840 年，地理位置介於愛丁堡與格拉斯哥中間的福爾柯克（Falkirk）。以低地區風格的三次蒸餾醞釀出輕盈芳醇的味道，廣受歡迎，成為低地區最具代表性的蒸餾廠，遠近馳名。然而，在 1993 年當時的所有者決定關閉酒廠，多年來建築物閒置，竟然連部分設備也遭不明人士搬走……。直到 2017 年，黯淡的歷史終於現出一絲光明。伊恩·麥克勞德公司收購產權，開啟酒廠復興計畫。「玫瑰河畔 30 年」是重整後首次全球推出的商品，也是值得紀念的「新篇章」。

玫瑰河畔 30 年

〔Rosebank Aged 30 years RELEASE 1〕

酒精｜48.6%　容量｜700ml

香氣｜花香　哈密瓜　洋梨
味道｜白桃　蜂蜜　丁香

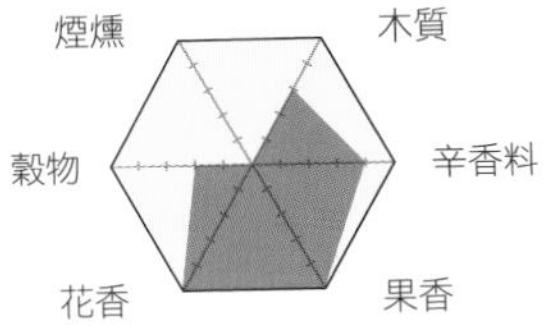

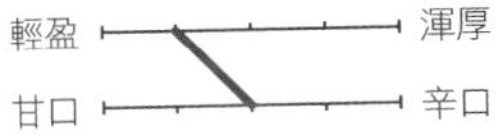

我的推薦！

與低地區女王的對談

1993 關閉的夢幻玫瑰，終於自 2017 年走上重振的道路。在 1990 年關閉之前蒸餾的這一批酒，堪稱為低地區女王的迷人聖品。超高級的哈密瓜、麝香葡萄、蜂蜜等的香氣，絲綢般的滑順口感，極致的感官享受。

範圍廣大，有各式各樣的獨特蒸餾廠

蘇格蘭北部是遼闊的高地區，傳聞中有古代恐龍棲息其中的尼斯湖也在這裡。高地區恰如其名，四處都是一千公尺群山綿延的高地、高山，放眼望去盡是荒涼的原野，沒有邊際。

過去斯貝賽區和島嶼區也都包含在高地區，去除這兩個地方，真正稱為高地區威士忌的大約有四十間蒸餾廠。由於這個地區範圍實在太廣，可以再細分為東、西、南、北四個區域，每個區域具備不同的特色。

首先是格蘭傑、大摩、克里尼利基等知名酒廠據點所在的北高地。作品多半有著威士忌風格的圓潤甘甜，各方面都很均衡、尾韻爽口，適合入門者的類型，到風味紮實、接近艾雷島威士忌的煙燻類型都有。

高地區之中平原地形相對較多的東區，作品特色是帶有果香及清爽口感，但其中也有重口味的類型。此外，西區有位於山間的班尼富以及在港口附近的歐本蒸餾廠，前者的特色是果香，後者則帶有些微海水風味。

至於接近低地區的南高地，最大的特色是輕盈的口感，最具代表性的格蘭哥尼使用無泥煤麥芽，醞釀出散發柑橘類香氣，易飲好入口。

▲ 位於格蘭傑蒸餾廠後方的多諾赫灣。

▲ 在高地區的北部，是一大片寬廣且高低起伏的土地。

在高地區和斯貝賽區有許多蒸餾廠的名稱都有「格蘭（Glen）」，這是因為格蘭扁山脈的山谷貫穿這片地區，而山谷的蓋爾語就是「Glen」。

▲ 格蘭傑蒸餾廠。

▲ 使用全蘇格蘭最高的壺式蒸餾器，高達 5.14 公尺。

巴布萊爾

北高地獨特的辛口加上刺激的華麗感

蘇格蘭／北高地〔Balblair〕　單一麥芽威士忌

過去以提供「百齡罈」原酒為主要業務，因此很難找到原廠裝瓶的產品，不過近年來也能買到該酒廠的單一純麥威士忌了。2019 年更新之後，現在以推出標示熟成年數的商品為主。

巴布萊爾 12 年〔Balblair Aged 12 Years〕

酒精｜46%　容量｜700ml

香氣｜● 油脂　○ 柑橘　◎ 大麥麥芽
味道｜◎ 洋梨　◎ 乾草　◎ 薄荷

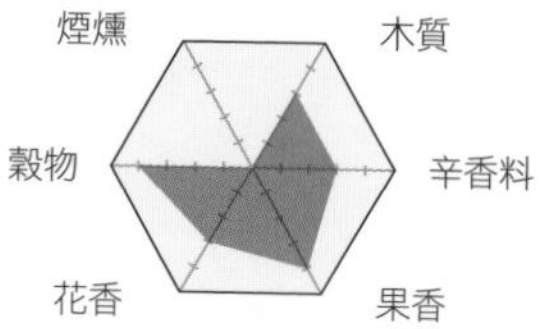

展現百齡罈主要原酒的風格，十分均衡。清爽的青蘋果之類，搭上香草類的香氣，相襯之下有種清新脫俗的印象。看似輕盈，其實酒體比想像中來得更紮實，尾韻也明顯。不好高騖遠，屬於一步一腳印、很踏實的類型。

布朗拉

自長期休眠中甦醒，高地區的要角

蘇格蘭／高地區〔Brora〕　單一麥芽威士忌

1819 年在高地區布朗拉以「克里尼利基」之名創業，1967 年改名為「布朗拉」，這段期間經過多次停業、重啟，直到 2017 年，蒸餾廠的所有者帝亞吉歐公司宣布重振，在 2021 年 5 月恢復生產。

布朗拉 32 年

〔Brora Aged 32 Years Limited Edition〕

酒精｜54.7%　容量｜700ml

香氣｜● 油脂　◎ 煙燻　◎ 杏桃
味道｜○ 木質　● 堅果　○ 鹽味

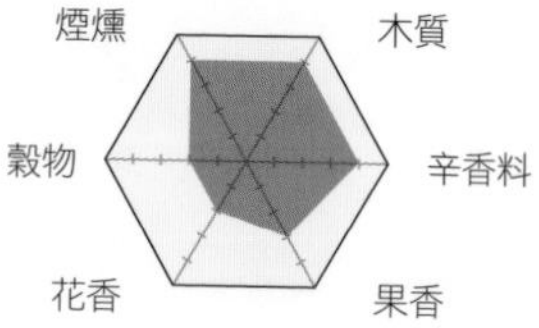

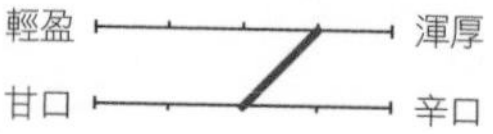

在 60 年代因為泥煤麥芽威士忌不足，從 1969 年起只製作了 14 年的夢幻威士忌。克里尼利基風格的蜜蠟，加上飽滿的泥煤香氣，塑造出濃郁、多層次以及穩重的尾韻。

克里尼利基

兼具高地區與海岸的個性

蘇格蘭／北高地〔Clynelish〕 單一麥芽威士忌

「無論何時，它都是蘇格蘭威士忌中最貴的牌子。」1886年，以威士忌作家先驅聞名的阿弗雷德．巴納德（Alfred Barnard）曾在著作中這樣描述「克里尼利基」。這個品牌的單一麥芽威士忌在當時已獲得極高評價，有好多年都是只有熟客才買得到的夢幻逸品。蒸餾廠的所在地布朗拉，是以釣鮭魚出名的休閒勝地。由於面向北海，「克里尼利基」在油脂感的酒質中會感到些許海水風味。有機會一定要試試搭配半烤鮪魚、燒烤沙丁魚這類鮮魚料理。

克里尼利基 14 年

〔Clynelish Aged 14 Years〕

酒精｜46%　**容量**｜700ml

香氣｜● 油脂　○ 柳橙　● 堅果
味道｜● 杏桃　● 肉桂　○ 鹽味

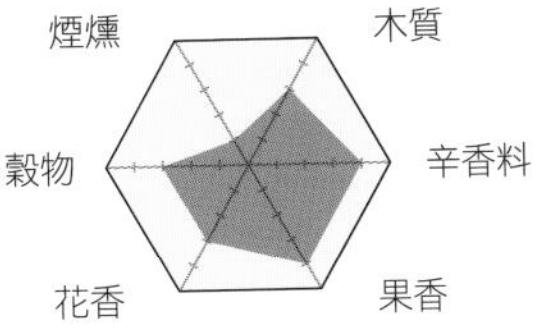

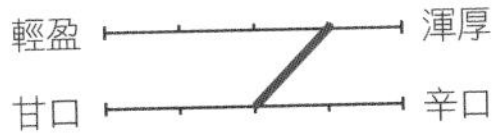

調性

加冰塊	★★★★☆
水割	★★★☆☆
高球雞尾酒	★★★☆☆

我的推薦！

擁有複雜風味的高地區麥芽威士忌

宛如石楠花蜜般帶點濃醇的甜味，以及讓人想像到蜜蠟的蠟質風味，營造出妙不可言的複雜又獨具魅力的和諧感。帶有辛口的土壤風味竄入鼻腔，接著帶出隱約的海風氣息。

大摩

擄獲雪茄愛好者的重口味

蘇格蘭／北高地〔Dalmore〕　單一麥芽威士忌

大摩蒸餾廠所在的羅斯郡，是以獵鹿聞名、充滿大自然野性的地方，至於瓶身上作為商標的鹿頭圖徽，據說是當年創辦人的祖先救了被公鹿鹿角刺傷的蘇格蘭國王亞歷山大三世，國王為了表達謝意而授予的圖徽。由知名的調酒大師理查・派特森（Richard Paterson）挑選搭配熟成木桶，發揮其品牌大使的功力。作品特色是濃醇且帶有辛香料口味，最適合餐後的片刻，叼根雪茄一邊啜飲的同時，忍不住覺得自己真帥氣。在酒中加點水，能感受到更多的清新與甘甜。

大摩 12 年

〔Dalmore Aged 12 Years〕

酒精｜40%　　容量｜700ml

香氣｜● 焦糖　● 可可豆　● 葡萄乾

味道｜○ 柳橙　● 巧克力　● 肉桂

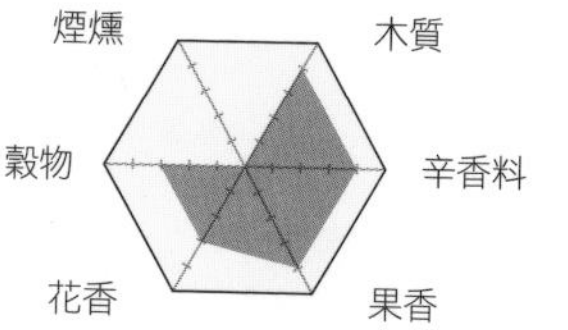

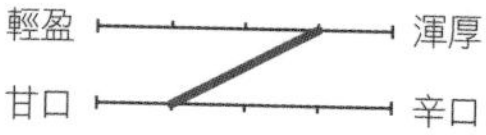

調性

加冰塊	★★★★★
水割	★★★☆☆
高球雞尾酒	★★★☆☆

我的推薦！

草食系男子能正面對決嗎？

北高地的重口味威士忌，有濃郁的熱可可、肉桂以及雪茄風味，令人震撼。肉食系男子幾杯下肚之後就能感受強勁的力道，換成草食系男子的話，小喝一杯或許就無法招架？是一款很挑人喝的威士忌。

Other Variations

大摩 15 年
只在雪莉桶中熟成，豐潤的味道中帶有柳橙、檸檬等柑橘類香氣及雪莉桶香。　● 酒精：40%　● 容量：700ml

大摩雪茄三桶（CIGAR MALT RESERVE）
高酒精濃度，有不輸給雪茄的厚實香醇與豐富果香，正如其名，最適合搭配雪茄一起享用。
● 酒精：44%　● 容量：700ml

達爾維尼

唯一設有氣象觀測站的蒸餾廠

蘇格蘭／中央高地〔Dalwhinnie〕　單一麥芽威士忌

達爾維尼蒸餾廠位於蘇格蘭中海拔較高的地方（約 330m），「Dalwhinnie」在蓋爾語中代表「相會的平原」。蒸餾廠所在的地方，是介於格蘭扁山脈與莫納德利亞斯山脈（Monadhliath）之間的牧草地，這裡相當荒涼，常有風雨，環境嚴苛，蒸餾廠還兼作政府機關的氣象觀測站。順帶一提，這裡也是觀測到大不列顛島最低平均氣溫的觀測站。「達爾維尼」獨有的石楠及蜂蜜香氣，可說是高地區山區孕育出的作品最大特色。

達爾維尼 15 年

〔Dalwhinnie 15 Years Old〕

酒精｜43%　容量｜700ml

香氣｜○大麥麥芽　●蘋果　●辛香料

味道｜○柳橙　●薄荷　●薑

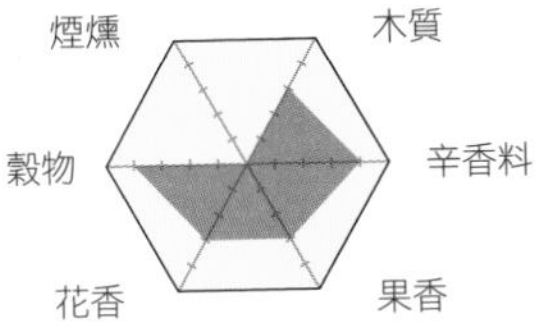

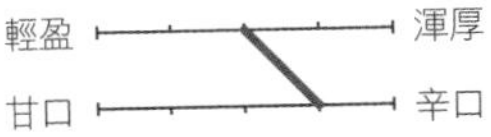

調性

加冰塊	★★★★★
水割	★★★★★
高球雞尾酒	★★★★★

我的推薦！

水割之後，很適合搭配和食

柑橘類的水果清爽感，加上輕盈的麥芽風味，感覺非常舒服。酒質柔和，很接近斯貝賽威士忌的調性。口感輕盈，卻帶著些微類似白胡椒的刺激感，水割之後搭配和食很棒。

Other Variations

達爾維尼酒廠限定版

在 Oloroso 雪莉桶中進行第二次熟成，強烈的麥芽與蜂蜜風味更加突顯達爾維尼的個性。

● 酒精：43%　● 容量：700ml

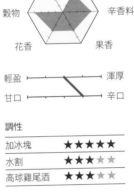

格蘭傑

首創「過桶」技法的先鋒

蘇格蘭／北高地〔Glenmorangie〕　單一麥芽威士忌

現在許多威士忌品牌都會使用波本桶來熟成，但據說最先採用這個方法的就是格蘭傑蒸餾廠。此外，這間酒廠也是首創「過桶」技法的先鋒，酒廠中將酒液輪流裝入雪莉酒桶、波特酒桶、蘇玳酒桶等進行過桶的「窖藏陳釀系列（Extra Matured Series）」作品獲得極高評價。此外，一般製作威士忌原則上是使用軟水比較保險，但這裡用的是硬水，而水中富含的礦物質，正是造就格蘭傑多樣化風味的因素，可說是突破既有框架、更塑造出了鮮明的個性。

格蘭傑經典單一麥芽威士忌

〔Glenmorangie The Original〕

酒精｜40%　　**容量**｜700ml

香氣｜○香草　○柑橘　○大麥麥芽
味道｜○花香　○洋梨　●蘋果

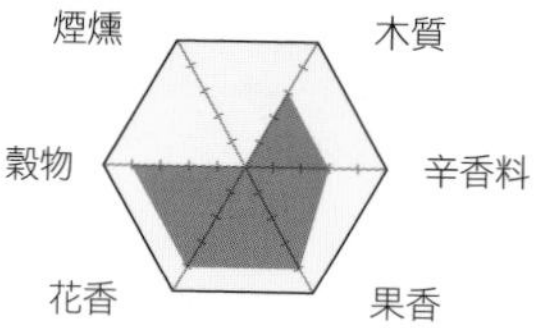

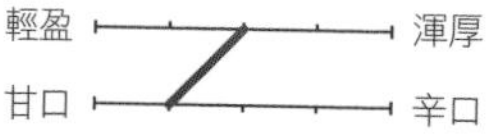

調性

加冰塊	★★★★★
水割	★★★★★
高球雞尾酒	★★★★★

我的推薦！

想要隨身常備的一支酒

穀物、青蘋果、檸檬皮、香草以及淋上楓糖漿的熱鬆餅等香氣。帶有紅茶戚風蛋糕、魚肝油、蓮花蜜、和三盆糖的味道。最吸引人的地方就是適合各個場合，非常百搭。

Other Variations

蘇玳風味桶（Nectar d'Or Sauternes Cask）
在最高級的蘇玳酒桶中過桶，宛如檸檬塔般清爽且綿密。
●酒精：46%　●容量：700ml

格蘭奧德

以迷人的芳香征服亞洲市場

蘇格蘭／北高地〔Glen Ord〕 單一麥芽威士忌

蘇格登蒸餾廠位於大麥主要產地黑島的南部，過去還有幾間酒廠，但現在只剩蘇格登一間。這間酒廠同時也是知名的業界先鋒，採用巨大的滾筒進行發麥作業，其中的「蘇格登－格蘭奧德」系列是運用傳統技術，針對亞洲市場製作的單一麥芽威士忌。在豐潤的雪莉桶與麥芽風味中，先帶一股辛口感，然後能感受到麥芽香甜，是一款相當平衡且溫和，充分展現高地風格的餐後酒。有 12 年與 18 年款，兩者皆獲得過「IWSC」（國際葡萄酒暨烈酒競賽，International Wine & Spirit Competition）、「ISC」（國際烈酒競賽，International Spirits Challenge）等各大獎項。

蘇格登－格蘭奧德 18 年

〔The Singleton Glen Ord 18 Years〕

酒精｜40%　容量｜700ml

香氣｜○柳橙　●肉桂　○大麥麥芽
味道｜●蘋果　○蜂蜜　●丁香

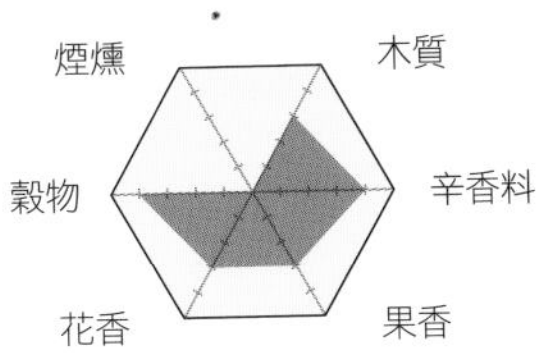

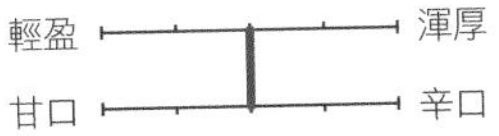

調性

加冰塊	★★★★★
水割	★★★★☆
高球雞尾酒	★★★★☆

我的推薦！

充滿東方風情的感官享受

讓人聯想到白檀、香木的東方情調芳香。杏仁酒、焦糖、法式吐司、奶油、皮革的風味。不但 CP 值高，還是具有成熟感、充滿感官刺激，在水準之上的威士忌。

Other Variations

蘇格登－格蘭奧德 12 年

讓人聯想到濃郁的巧克力及餅乾的香氣，帶有稍長的尾韻。

● 酒精：40%　● 容量：700ml

富特尼

蘇格蘭版的「兄弟船」*

蘇格蘭／北高地〔Old Pulteney〕　單一麥芽威士忌

位於維克（Wick）的富特尼蒸餾廠，是在過去因捕撈鯡魚帶來繁榮景氣時成立的。這個地方受到來自海上的強風吹拂，因而能在威士忌中充分感受到海水的風味、甜味中感受到大海的強勁，這樣均衡的調性或許是日本人喜歡的味道。順帶一提，大家知道過去在維克這個地方也曾頒發禁酒令嗎？在二十世紀初期，這裡的漁夫們為了慰勞辛苦工作後的自己，一天竟然可以喝掉500加侖（大約相當於一人一瓶！）的威士忌，結果引發諸多問題，因而頒佈這項禁令，是一段充滿港都男子氣概的歷史插曲。

富特尼 12 年〔Old Pulteney Aged 12 years〕

酒精｜40%　　容量｜700ml

香氣｜◎ 柳橙　◎ 大麥麥芽　● 油脂
味道｜○ 香草　◎ 洋梨　◎ 鹽味

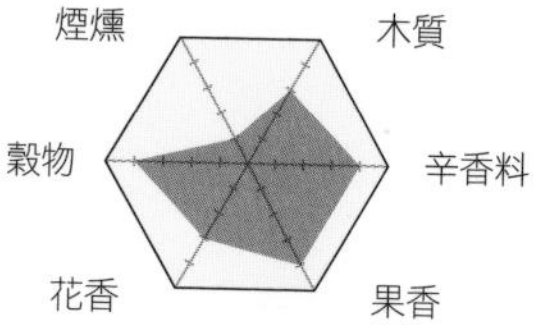

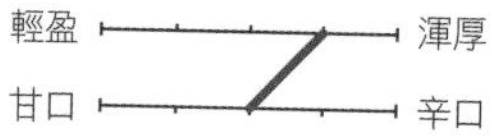

調性

加冰塊	★★★★☆
水割	★★★☆☆
高球雞尾酒	★★★☆☆

富特尼蒸餾廠的代表作

富特尼獨特的柑橘香氣中另外帶有焦糖的甜味，以及帶有奶香的香草風味。柔和且舒服的口感，第一口宛如蜂蜜與奶油的音符，接著慢慢帶出完熟果實與清新辛香料的樂章。

Other Variations

富特尼 15 年
波本桶與 Oloros 雪莉桶的不同味道，帶有圓潤辛香料的甜味與清爽的海水香氣，十分協調。
● 酒精：46%　● 容量：700ml

富特尼 18 年
濃醇且溫潤的香氣，在品嚐到巧克力與辛香料的風味後，奢華甜味逐漸擴散。　● 酒精：46%　● 容量：700ml

* 來自中西禮的小說「兄弟」，內容中描述了 20 世紀初捕撈鯡魚的熱潮。

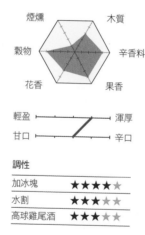

皇家柏克萊

來自歷史最悠久的蒸餾廠，
帶有新鮮且華麗的口味

蘇格蘭／北高地〔Royal Brackla〕　單一麥芽威士忌

位於蘇格蘭高地區，成立於 1812 年，是全球最古老的酒廠之一，同時也以第一個獲得英國皇家認證的蒸餾廠聞名。使用首次雪莉酒桶過桶，口味清新華麗，還帶有果香。

皇家柏克萊 12 年

〔Royal Brackla Aged 12 Years〕

酒精｜40%　**容量**｜700ml

香氣｜肉桂　蘋果　薑
味道｜洋梨　堅果　油脂

帶有果味的清新華麗香氣，感受得到蘋果、洋梨以及辛香料，組合成複雜但均衡的味道。此外，來自雪莉桶的芳醇及帶有堅果感的多層次尾韻是一大特色。

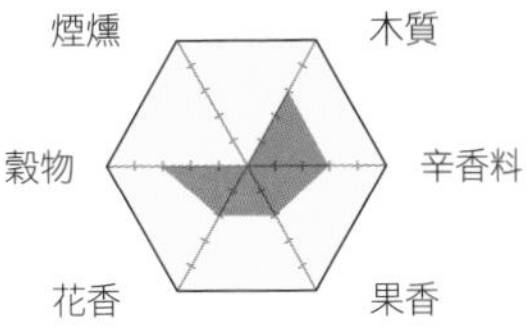

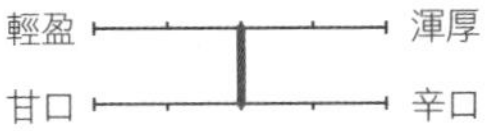

提安尼涅克

以「花與動物」為標記，罕為人知的蒸餾廠

蘇格蘭／北高地〔Teaninich〕　單一麥芽威士忌

位於蘇格蘭北高地的提安尼涅克蒸餾廠，這裡過去以生產調和威士忌使用的原酒為主，不過在 1992 年，他們推出了「花與動物酒標」的系列作品，酒標上印製與 UD 公司（帝亞吉歐的前身）蒸餾廠相關的花卉與動物。

提安尼涅克 10 年（UD 花與動物系列）

〔Teaninich Aged 10 Years〕

酒精｜43%　**容量**｜700ml

香氣｜香草　香蕉　大麥麥芽
味道｜鳳梨　薄荷　花香

辛口並帶有辛香料風味，類似肉桂水的香氣。味道則是蘋果派，感覺有淡淡的泥煤，還有肉桂、丁香的辛辣感，是一款優質威士忌。

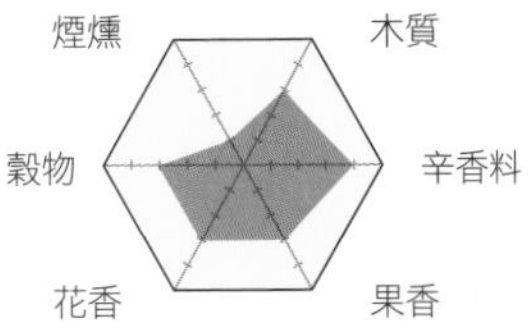

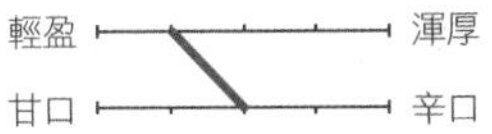

湯瑪丁

位於尼斯湖附近，以豐富貯藏量自豪的蒸餾廠

蘇格蘭／北高地〔Tomatin〕　單一麥芽威士忌

酒廠位於高地區主要城市印威內斯（Inverness）南方約 25 公里，蒸餾廠旁邊就是以水怪傳說聞名的尼斯湖，周圍是一大片傳統的蘇格蘭風景。80 年代日本的「寶酒造」收購了這間蒸餾廠，成為日本企業持有的第一間蘇格蘭酒廠。酒廠的規模很大，號稱約有 17 萬桶穩定的貯藏量，也有許多來自國內外的觀光遊客。用水來自「自由小溪（Allt-na-Frithe）」的溪水，從花岡岩之間湧出的水源，算是恰到好處的軟水，沒有含過多的礦物質，為威士忌帶來柔和纖細的味道。

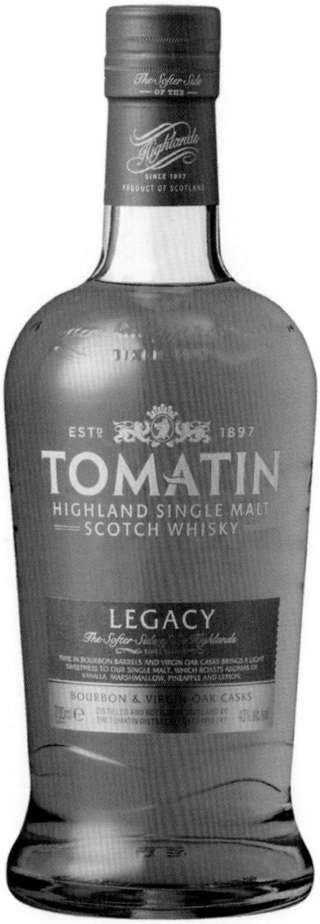

湯瑪丁傳奇〔Tomatin Legacy〕

酒精｜43%　容量｜700ml

香氣｜○柳橙　●肉桂　○大麥麥芽
味道｜○花香　○黃桃　●蘋果

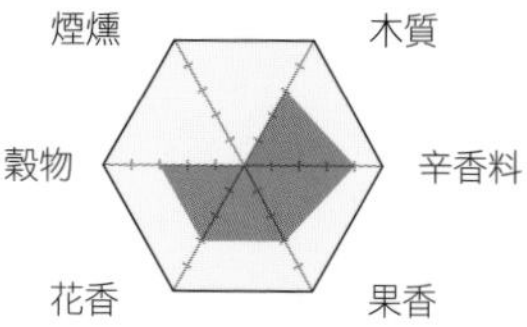

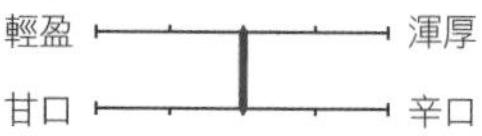

調性

加冰塊	★★★★☆
水割	★★★☆☆
高球雞尾酒	★★★☆☆

我的推薦！

宛如雞尾酒「曼哈頓」

以七〇年代陳釀為主而愈來愈走紅的蒸餾廠，甜味明顯，非常適合當作餐後酒。尾韻綿長，感覺就像雞尾酒「曼哈頓」，散發新桶的華麗香氣，帶有香草、檸檬皮、香艾酒風味。

Other Variations

湯瑪丁 12 年
使用熟成 12 年以上的麥芽威士忌原酒，恰到好處的泥煤香氣帶出圓潤的口感，中規中矩。
● 酒精：43%　● 容量：700ml

湯瑪丁地獄之犬波本桶
（'Cu Bocan' Limited Edition Bourbon Cask）
將使用泥煤大麥麥芽的原酒以波本桶熟成，深層的香氣與味道，帶著淡淡煙燻感。 ● 酒精：46%　● 容量：700ml

沃富奔

經歷長時間後復甦，堅持手工的蒸餾廠

蘇格蘭／北高地〔Wolfburn〕　單一麥芽威士忌

沃富奔蒸餾廠位於蘇格蘭最北方的城市索瑟（Thurso），曾在 1821 年短暫經營了 50 年左右。歷經漫長的歲月，在 2011 年啟動酒廠重建計畫，終於在 2013 年 1 月，暌違約 150 年後再次出現當地的威士忌。新生酒廠使用的是附近狼溪（Wolf Burn）的溪水，每週可蒸餾大約 3,500 公升的原酒。蒸餾製程幾乎採用傳統的手工作業。至於貯藏方面，使用來自歐洲或美國橡木的 Oloroso 雪莉桶、美國橡木的波本桶與四分之一桶，共三種類型的木桶。

沃富奔北境〔Wolfburn Northland〕

酒精｜46%　容量｜700ml

香氣｜大麥麥芽　香草　柑橘
味道｜蜂蜜　洋梨　鹽味

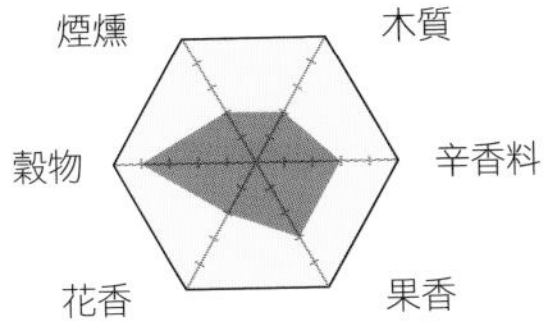

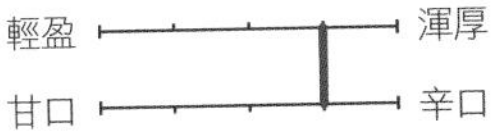

調性

加冰塊	★★★★★
水割	★★★☆☆
高球雞尾酒	★★★☆☆

我的推薦！

經典風味的威士忌

鹽味奶油餅乾、穀物、隱約的薑味及香草的風味，味道是鹽味、帶辛口感的檸檬和鳳梨、大麥麥芽、乾烤杏仁，尾韻留下淡淡的泥煤味，充滿北高地風格的經典風味令人印象深刻。

Other Variations

沃富奔極光（Aurora）
使用首次波本桶及 Oloroso 雪莉桶，帶來果實多層次甜美的印象。　● 酒精：46%　● 容量：700ml

沃富奔莫凡（Morven）
這個系列使用的是泥煤麥芽，帶有厚實的麥味以及恰到好處的煙燻感。　● 酒精：46%　● 容量：700ml

阿德莫爾

在優美的自然環境中產生的清爽口感

蘇格蘭／東高地〔Ardmore〕 單一麥芽威士忌

位於亞伯丁郡（Aberdeen）肯尼斯蒙特（Kennethmont）近郊的阿德莫爾蒸餾廠，在大自然資源豐富的 Clashindarroch 森林圍繞下，這一帶也是著名的大麥產地。「阿德莫爾傳承」的瓶身上展翅飛翔的鵰，正是酒廠的守護神。

阿德莫爾傳承〔Ardmore Legacy〕

酒精｜40%　容量｜700ml

香氣｜● 煙燻 ● 烤吐司 ● 丁香
味道｜○ 柳橙 ● 杏桃 ● 大麥麥芽

帶有土味煙燻以及焦香麥味，黏土之後有丁香、堅果以及淋上蘋果糖漿的穀物風味。相較於過去的作品更柔和、輕盈，但以日常飲用來說價格非常實惠，也是一大賣點。

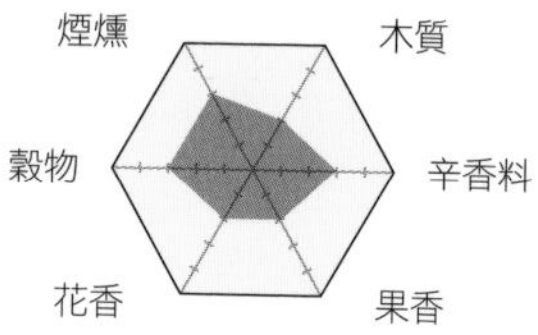

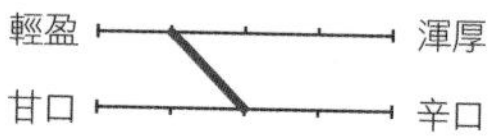

德富

海邊小鎮風格的愉悅口感

蘇格蘭／東高地〔The Deveron〕 單一麥芽威士忌

麥克達夫蒸餾廠（Macduff Distillery）位於臨海小鎮班夫（Banff），座落在達夫倫河畔。這裡很早就引進金屬材質糖化槽，以及蒸氣管等現代的蒸餾方法與技術。最大的特色是感受到海水風味的輕盈酒質以及充滿果香的味道。

德富 12 年〔The Deveron Aged 12 Years〕

酒精｜40%　容量｜700ml

香氣｜● 辛香料 ○ 柳橙 ● 大麥麥芽
味道｜● 薑 ○ 乾草 ● 蘋果

礦物感與麥芽、蘋果、杏桃等飽滿的甜味，接著是肉桂、胡椒等辛香料的風味，尾韻是柔和香草與舒服的橡木桶辛口感。樸實的氣氛中蘊藏著纖細果實感，令人印象深刻。

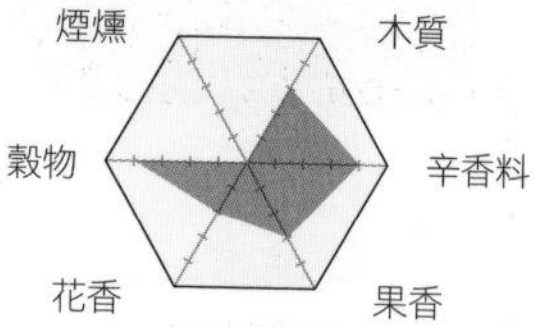

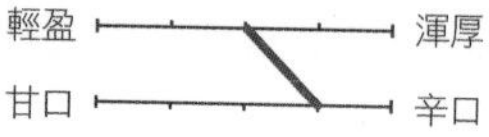

安努克

最適合為漫漫長夜拉開序幕

蘇格蘭／東高地〔anCnoc〕　單一麥芽威士忌

蒸餾廠設立於黑色山丘（Cnoc Dubh）所在的納克村。創業時，不但在村裡設立火車站，還鋪設鐵道通往酒廠，看得出是傾地方之力推動的事業。蒸餾廠名為「納度蒸餾廠（Knockdhu Distillery）」，和品牌名稱不同。由於容易和其他品牌像是「納坎度（Knockando）」、「卡杜（Cardhu）」等混淆，因此在1993 年以蓋爾語中「小山丘」之意的「anCnoc」作為品牌名稱。飽滿的酒體和蜂蜜的香氣，充滿果味與豐潤的甜味是最大特色。當你想悠閒度過漫漫長夜時，這是最適合作為拉開序幕的一杯。

安努克 18 年〔anCnoc 18 Years old〕

酒精｜46%　容量｜700ml

香氣｜杏桃　葡萄乾　肉桂
味道｜柳橙　可可豆　大麥麥芽

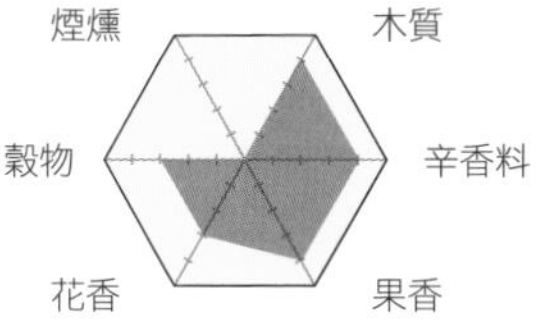

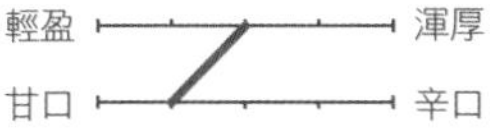

調性	
加冰塊	★★★★★
水割	★★★★☆
高球雞尾酒	★★★☆☆

輕快之中增添來自雪莉桶原酒的力道

使用西班牙橡木雪莉桶與美國橡木波本桶熟成18 年。味道上先是辛香料的香氣、水果蛋糕、糖漬檸檬，後續是香草、蜂蜜、焦糖的風味。

Other Variations

安努克 12 年

很適合作為拉開序幕的酒款，愈喝愈期待後續的體驗。酯類香氣具有華麗感，然後是青蘋果、檸檬皮、穀類餅乾。味道上則是樸實的麥甜、枇杷，以及淡淡的鹽味、白胡椒。

● 酒精：40%　● 容量：700ml

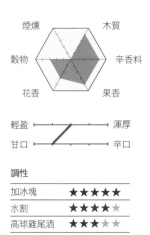

格蘭卡登

被形容為「大麥奶油」的濃醇與甘甜

蘇格蘭／東高地〔Glencadam〕　單一麥芽威士忌

格蘭卡登蒸餾廠位於安格斯地區（Angus）的中心——布里金（Brechin）。這個地方過去有兩座蒸餾廠，現在只剩下格蘭卡登，這間酒廠使用的是無泥煤麥芽。雖然也為「百齡罈」等提供調和威士忌使用的原酒，但單一麥芽威士忌作品也很傑出，廣受喜愛。帶有青草氣息的清新感、令人聯想到檸檬的柑橘類香氣，最大的特色就是被形容為「大麥奶油」的圓潤濃醇口感。莓果類香氣也很豐富，加上不遜於甜味的醇厚，很適合當作餐後酒，搭配甜點一起享用。

格蘭卡登 10 年

〔Glencadam Aged 10 Years〕

酒精｜46%　**容量**｜700ml

香氣｜● 餅乾　○ 香草　● 洋梨
味道｜○ 白桃　● 蜂蜜　● 大麥麥芽

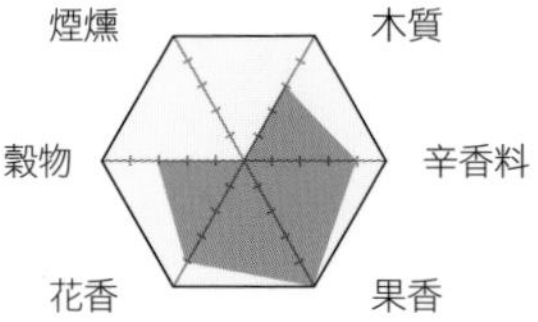

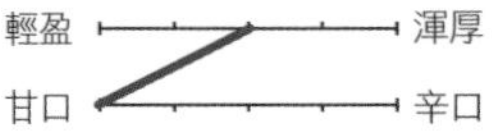

調性

加冰塊	★★★★★
水割	★★★☆☆
高球雞尾酒	★★★★☆

我的推薦！

甘甜後的辛口收尾

卡士達醬、香草的香氣，糖漬洋梨、薑、綠哈密瓜以及來自大麥的柔潤味道，加上滑順口感，非常飽滿。從滑潤的奶油口味再到辛口俐落收尾，出乎意料之外的轉折令人愉快。

Other Variations

格蘭卡登 15 年
帶有柑橘醬、香草的香氣，有絲綢般的滑順甜美口味。
● 酒精：46%　● 容量：700ml

格蘭卡登 21 年
充分感受到柳橙的華麗口味，有洋梨、香草、奶油等溫順的口感。
● 酒精：46%　● 容量：700ml

格蘭多納

來自雪莉桶的深層熟成香氣為魅力所在

蘇格蘭／東高地〔GlenDronach〕　單一麥芽威士忌

格蘭多納蒸餾廠的名稱在蓋爾語中代表「黑莓谷」的意思，位於高地區與斯貝賽區的交界上，但仍屬於高地區威士忌。以採取古典製法而聞名，在蘇格蘭境內是目前仍堅持「炭火直接加熱蒸餾」的酒廠，使用百分之百雪莉桶來熟成更是該品牌亮點之一，且為了不影響豐潤飽滿的風味，裝瓶前均未調色。要了解傳統經典高地威士忌的人，推薦先試試這一款，能感受到來自雪莉桶的芳醇香氣以及麥芽甜中帶有辛口感的味道。

格蘭多納 12 年

〔GlenDronach Aged 12 Years〕

酒精｜43%　**容量**｜700ml

香氣｜● 無花果　● 莓果類　● 堅果
味道｜● 肉桂　○ 柳橙　● 森林

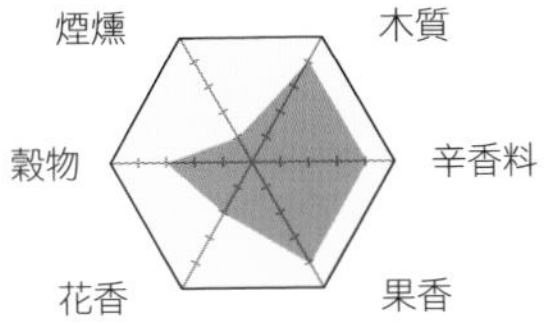

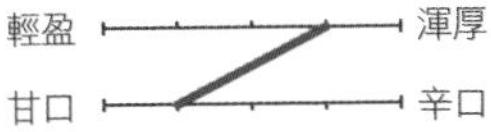

調性

加冰塊	★★★★★
水割	★★★★☆
高球雞尾酒	★★★★★

我的推薦！

甘辛口的巧妙平衡堪稱一絕

有層次且帶有一定紮實酒體的高地麥芽威士忌，堪稱優秀的雪莉桶代表。雪莉桶加上泥煤感，卻有恰到好處的均衡。味道像是在阿薩姆紅茶裡加入一顆覆盆子果乾，最後的尾韻帶著微微的刺激辛辣感。

Other Variations

格蘭多納 15 年
使用百分之百的 Oloroso 雪莉桶熟成，帶有果乾、苦巧克力的風味。
● 酒精：46%　● 容量：700ml

格蘭多納 18 年
可享受到多變複雜的風味以及綿長尾韻的頂級商品。
● 酒精：46%　● 容量：700ml

格蘭蓋瑞

老字號酒廠才有的古典風味，一定要試試！

蘇格蘭／東高地〔Glen Garioch〕 單一麥芽威士忌

在蘇格蘭超過一百間的蒸餾廠之中，格蘭蓋瑞是歷史最悠久的前幾間。酒廠官方公布的創立時間是 1797 年，但根據紀錄，可能從 1785 年就開啟蒸餾作業。酒廠所在的地區是優質的大麥產地，素有「亞伯丁郡穀倉」的美稱。此外，使用蒸餾廠西邊的庫唐泉（Coutens Spring）清澈的天然水源悉心蒸餾、醞釀出傳統高地風格，帶有花香與柔順口感，富有麥味與果香濃醇的味道。此外還有特別的一點，蒸餾器的熱源是使用由北海油田產出的天然氣。

格蘭蓋瑞 12 年

〔Glen Garioch Aged 12 Years〕

酒精｜48%　**容量**｜700ml

香氣｜● 青草香 ● 柳橙 ● 大麥麥芽
味道｜● 油脂 ● 薑 ● 草本植物

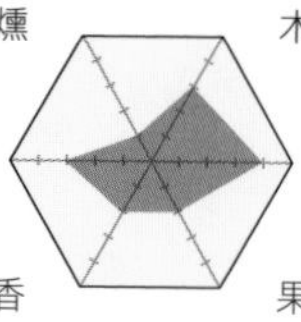

輕盈 ——— 渾厚
甘口 ——— 辛口

調性

加冰塊	★★★★★
水割	★★★★★
高球雞尾酒	★★★★★

我的推薦！

甘甜後的辛口收尾

卡士達醬、香草的香氣，糖漬洋梨、薑、綠哈密瓜以及來自大麥的柔潤味道，加上滑順口感，非常飽滿。從滑潤的奶油口味再到辛口俐落收尾，出乎意料之外的轉折令人愉快。

格蘭格拉索

過了二十多年後復活的美酒

蘇格蘭／東高地〔Glenglassaugh〕　單一麥芽威士忌

創業於 1875 年的格蘭格拉索蒸餾廠，位於面對馬里灣的漁村波特索的西側。是「威雀」、「順風」等調和威士忌重要的原酒供應者，卻在 1986 年暫時關閉。雖然中斷生產 22 年令人憂心，但總算在 2008 年重啟。「格蘭格拉索光榮」是使用重啟後所蒸餾的原酒生產的首批常態商品，帶有奶香及水果風味，加冰塊也很好喝。2013 年由班瑞克蒸餾廠收購之後，藉由首席調酒師比利．沃克（Billy Walker）的精湛技術，在業界不斷創造新話題。

格蘭格拉索光榮

〔Glenglassaugh Revival〕

酒精｜46%　容量｜700ml

香氣｜● 油脂　● 肉桂　● 森林
味道｜○ 柳橙　● 葡萄乾　● 大麥麥芽

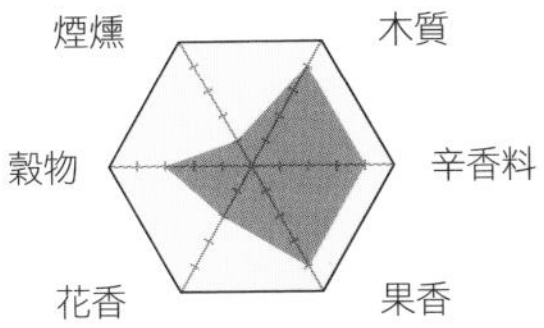

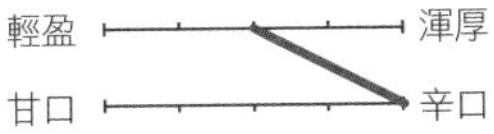

調性

加冰塊	★★★★☆
水割	★★★☆☆
高球雞尾酒	★★★★☆

期待的「格蘭格拉索」風格

由於僅有三年熟成，不可否認還有些生澀感，卻仍能感受到過去「格蘭格拉索」的些許風格，新起爐灶後的未來指日可待！烈酒感、泥煤香，帶有紅豆、水煮花生的風味，尾韻則是莓果類的水果。

Other Variations

格蘭格拉索進化（Evolution）
使用田納西威士忌「喬治凱迪爾（George Dickel）」的首次空桶熟成。
● 酒精：50%　● 容量：700ml

格蘭格拉索泥煤（Torfa）
「格蘭格拉索」的首款泥煤威士忌，使用波本桶熟成，充分品嚐到紮實粗獷的味道。
● 酒精：50%　● 容量：700ml

皇家藍勳

連維多利亞女王也喜愛的威士忌

蘇格蘭／東高地〔Royal Lochnagar〕　單一麥芽威士忌

酒廠所在的迪河（River Dee）上游一帶，又名皇家迪賽德（Royal Deeside），英國皇室的巴莫洛城堡（Balmoral Castle）就在這裡。在蘇格蘭的老字號酒廠中，皇家藍勳是第三小的，同時也是帝亞吉歐集團目前持有的蒸餾廠中規模最小的一座。酒廠在成立不久之後，買下巴莫洛城堡的維多利亞女王親自造訪，因而獲得皇室認證，酒廠名稱也得以冠上「皇家（Royal）」。據聞女王夫婦會在喝波爾多紅酒時滴入幾滴這裡的威士忌，真是優雅的品飲方式啊！如果好奇喝起來的味道，有機會一定要試試看。

皇家藍勳 12 年

〔Royal Lochnagar 12 Year Old〕

酒精｜40%　**容量**｜700ml

香氣｜大麥麥芽　香草　杏桃
味道｜柳橙　薑　白花

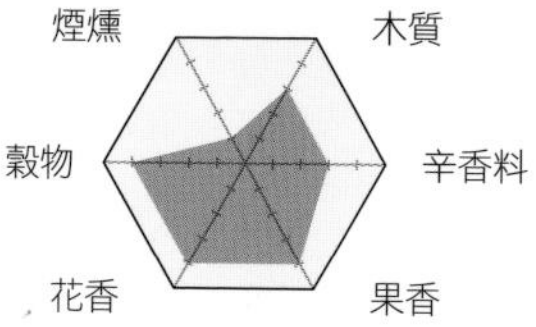

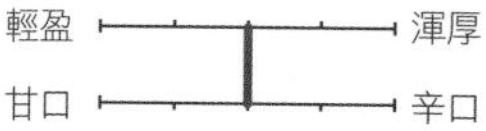

調性

加冰塊	★★★★☆
水割	★★★☆☆
高球雞尾酒	★★★☆☆

我的推薦！

最適當的伴手禮

感受到滑順口感以及麥芽糖的甜味，酒質柔和，非常平衡。有淡雪莉酒、青草氣息和草原的香氣。無論日常飲用，或是當作參加宴會的伴手禮，相信大家都能接受，是一款讓人感到放心的威士忌。

班尼富

Nikka Whisky 持有的高地威士忌佳作

蘇格蘭／西高地〔Ben Nevis〕　單一麥芽威士忌

日本企業收購蘇格蘭威士忌酒廠的例子，除了寶酒造與湯瑪丁之外，還有其他幾間，例如現在要介紹的班尼富，於 1989 年為 Nikka Whisky 所收購。這間以蘇格蘭第一聖山「本尼維斯山（Ben Nevis）」冠名的蒸餾廠，就位於山腰處，四面環山。自接近山頂的湖泊流出的米爾小溪（Allt a'Mhuilinn），溪水冷冽，水質清澈，也就是酒廠所使用的的水源。除了「單一麥芽威士忌 10 年」之外，近年來在日本也推出調和威士忌，是 Nikka Whisky 的調酒師操刀的正統蘇格蘭威士忌。

班尼富單一麥芽威士忌 10 年

〔Ben Nevis Single Malt 10 Years Old〕

酒精｜43%　容量｜700ml

香氣｜大麥麥芽　肉桂　蘋果

味道｜鳳梨　百香果　油脂

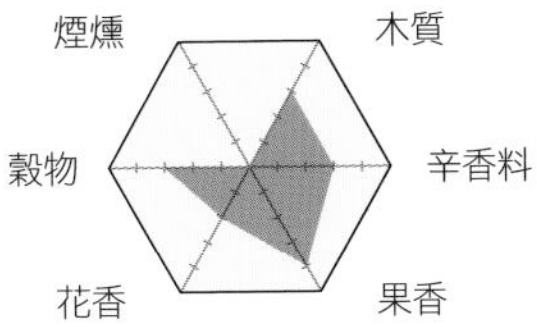

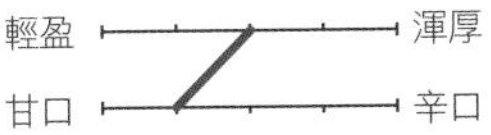

調性	
加冰塊	★★★☆☆
水割	★★★★☆
高球雞尾酒	★★★★☆

我的推薦！

高地區的隱藏極品

楓糖漬綜合水果、嫩無花果的口味，牛奶餅乾、牛奶夾心酥、桃子海綿蛋糕、蓮葉等甜美柔和香氣，讓人放鬆心情。比起知名度，更是一款實質上出色優異的威士忌。

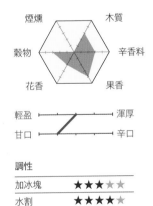

歐本

位於市中心的小蒸餾廠

蘇格蘭／西高地〔Oban〕　單一麥芽威士忌

使用燈籠式蒸餾器，醞釀出強力、厚重的味道。由於酒廠位於濃霧多的海洋性氣候環境，雖然是高地威士忌，也能感受到類似島嶼區的海水氣息。搭配料理的話，番茄肉醬義大利麵這一類的很適合。

歐本 14 年〔Oban 14 Years〕

酒精｜43%　容量｜700ml

香氣｜● 油脂　● 薑　● 大麥麥芽
味道｜● 辛香料　● 蘋果　● 鹽味

一開始是輕快的果香，接著陸續出現洋梨、白色無花果、檸檬皮、棗子等香氣，還有淡淡的海水氣息。風味輕柔卻複雜，甜中帶苦味的熱可可喉韻，最後的尾韻有堅果感。

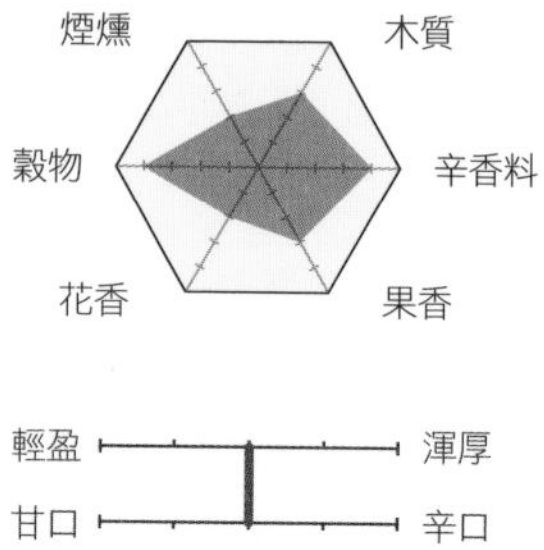

艾德麥康

來自當紅裝瓶廠的正統派單一麥芽威士忌

蘇格蘭／西高地〔Ardnamurchan〕　單一麥芽威士忌

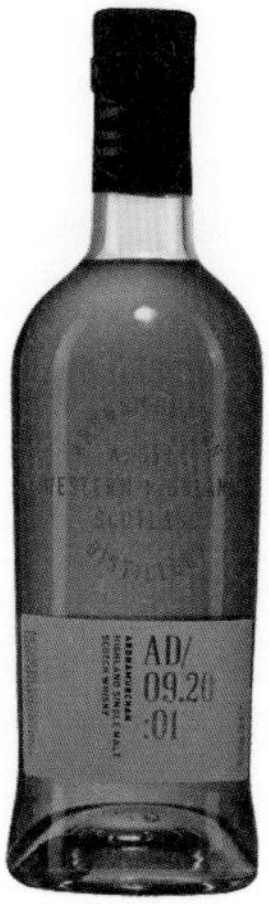

這家新蒸餾廠位於茂爾島北方的艾德麥康半島，是 2014 年由獨立裝瓶廠艾德菲（Adelphi）所成立。有泥煤與無泥煤麥芽威士忌，並且使用波本桶與雪莉桶熟成，製作的都是正統派麥芽威士忌。

艾德麥康單一麥芽威士忌

〔Ardanmurchan Single Malt〕

酒精｜46.8%　容量｜700ml

香氣｜● 大麥麥芽　● 柳橙　● 煙燻
味道｜● 蘋果　● 胡椒　● 鹽味

橘子醬、蘋果蜜、燒烤柳橙皮等香氣。一開始是蜂蜜與柳橙的香甜，接著出現黑胡椒、鹽味，尾韻是煙燻與胡椒，綿長不絕。

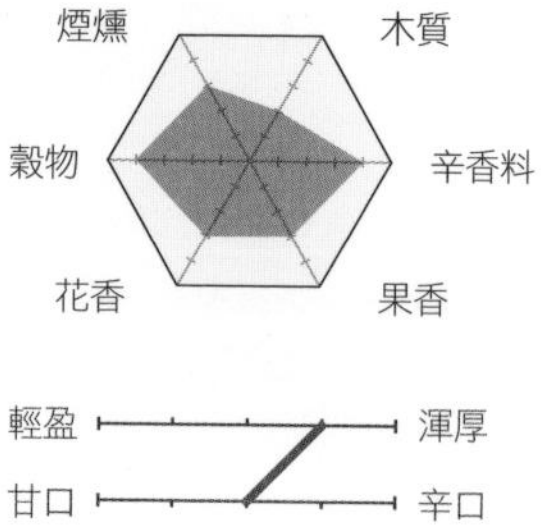

艾柏迪

具有透明感的「帝王」基酒

蘇格蘭／南高地〔Aberfeldy〕　單一麥芽威士忌

艾柏迪蒸餾廠位於艾柏迪村的一隅，這個村落同時也是《哈利波特》作者 J. K. 羅琳女士的別墅所在地。艾柏迪酒廠最初是為了供應「帝王（Dewar's Whisky）基酒而成立，歷史超過一百年。「Aberfeldy」在蓋爾語代表「水神之池」的意思，此地有得天獨厚的自然環境，水源來自備受水神祝福的「守望者小溪（Pitilie Burn）」，而該酒廠的麥芽威士忌具備的透明感，正是因為這清澈的水源。「艾柏迪 12 年」獲得專家好評，「帶有蜂蜜與堅果的風味，宛如絲綢般的滑順口感，相當出色！」並受到廣大威咖們的喜愛。

艾柏迪 12 年

〔Aberfeldy 12 Years〕

酒精｜40%　容量｜700ml

香氣｜蜂蜜　香草　大麥麥芽

味道｜洋梨　哈密瓜　花香

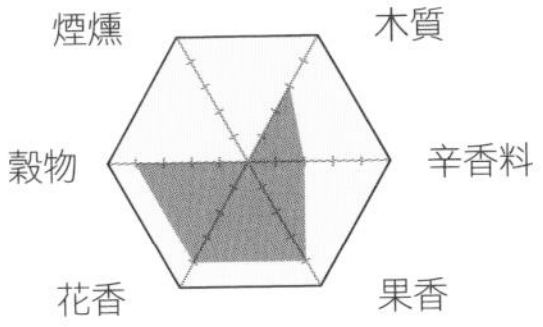

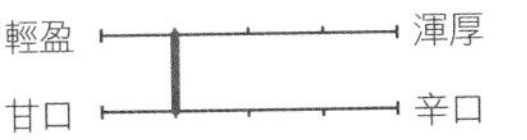

調性

加冰塊	★★★★☆
水割	★★★★☆
高球雞尾酒	★★★☆☆

我的推薦！

聽見了「歡迎回到家」

撫慰人心的蜂蜜風味。下班之後，坐在酒吧前品嚐這第一杯酒，感覺整個人都放輕鬆，心情變得柔和了。聯想到蜂蜜的甜香，加上類似柳橙皮恰到好處的清新感，感覺今天也能心滿意足，帶著笑容回家了。

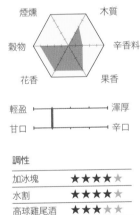

艾德多爾

使用全蘇格蘭最小規模的壺式蒸餾器作業

蘇格蘭／南高地〔Edradour〕 單一麥芽威士忌

這座蘇格蘭規模最小的蒸餾廠，據說是由一群當地農夫所建立。酒廠四周圍繞著田園風光，環境優雅。由於地點充滿吸引力，酒廠也附設遊客中心，以接待來自世界各地絡繹不絕的觀光客。在蘇格蘭，為了防堵私釀而有法定的壺式蒸餾器容量，艾德多爾蒸餾廠僅有兩座最小的壺式蒸餾器，可想而知產量非常少，蒸餾作業的工作人員也只有三名。少量生產才有的特殊單一麥芽威士忌作品，備受矚目。

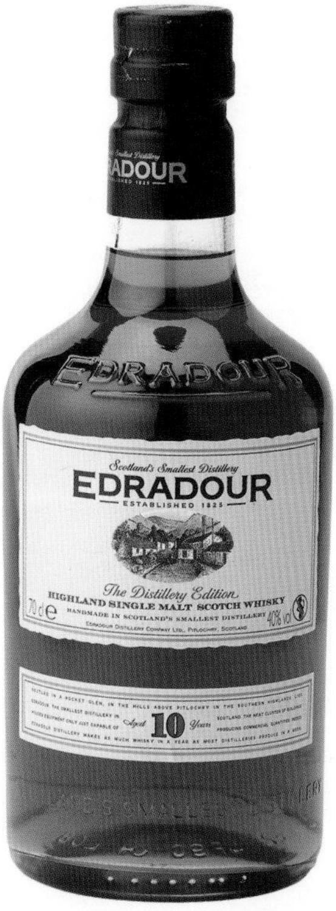

艾德多爾 10 年

〔Edradour Aged 10 Years〕

酒精｜40%　　容量｜700ml

香氣｜● 焦糖　● 李子　● 英國家具

味道｜● 莓果類　○ 柳橙　● 肉桂

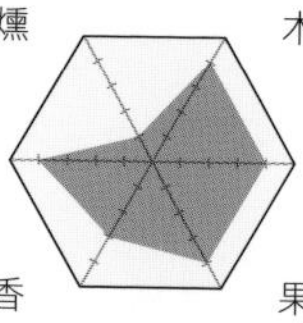

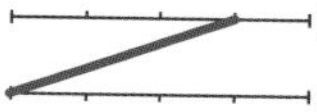

調性

加冰塊	★★★★★
水割	★★★★☆
高球雞尾酒	★★★☆☆

我的推薦！

清爽俐落、
很有個性的甜味

這款威士忌帶有獨一無二、很有個性的甜味，帶有花壇、奶粉、奶油糖這類的香氣。味道上或許會因為每個批次而略有不同，但這一支酒沒有我向來很怕的那股香水味，很期待這間酒廠日後的表現。

Other Variations

艾德多爾泥煤 10 年（Ballechin 10 年）

重泥煤的單一麥芽威士忌，使用美國橡木桶與歐洲橡木桶熟成。
● 酒精：46%　● 容量：700ml

Signatory Edradour 10 年 Un-chillfiltered

以非冷凝過濾裝瓶，特色是泥煤的爽快感，和來自麥芽的香味達到完美平衡。
● 酒精：46%　● 容量：700ml

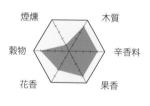

格蘭哥尼

坎城影展「評審團獎」獲獎作品的拍攝地點

蘇格蘭／南高地〔Glengoyne〕　單一麥芽威士忌

對威士忌愛好者來說或許早已知道，但還是說明一下，威士忌用語有個詞叫做「Angel's Share」，直譯為「天使分享」，意思是當威士忌在木桶內熟成期間，每年大約有2%會蒸發掉。而當熟成的年分愈長，比方10年、20年，隨時年數增加，除了威士忌會有不同的風味外，天使分享的量也會變多。2012年，有部電影直接取片名為「The Angels' Share」（中文版為《天使威士忌》），拍攝地點就選在格蘭哥尼蒸餾廠，這部電影後來獲得坎城影展評審團獎，也發行了DVD。端起一杯香氣純淨的酒，欣賞這個和威士忌有關的影片，別有一番樂趣。

格蘭哥尼 10 年

〔Glengoyne 10 Years Old〕

酒精｜40%　容量｜700ml

香氣｜◎大麥麥芽　○柳橙　●薑

味道｜○香草　◎杏桃　●蘋果

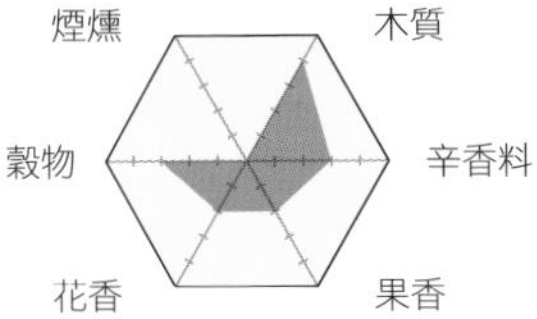

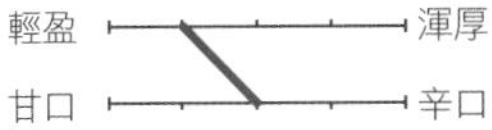

調性

加冰塊	★★★★★
水割	★★★★☆
高球雞尾酒	★★★★☆

我的推薦！

完全感受到身心的療癒

花香、草本植物，香氣令人聯想到充滿負離子的森林，最後飄過一陣可可豆芳香，然後是鹹胡桃、甘露糖、蜂蜜等甜味留在舌面。帶有透明感的香氣與甜味，讓人心情愉快，怎麼喝都喝不膩。

Other Variations

格蘭哥尼 21 年

只用以首次雪莉桶長期熟成的麥芽威士忌，酒體飽滿，尾韻十分綿長。　●酒精：43%　●容量：700ml

陀崙特

只要是製作優質威士忌的場所，就會有貓

蘇格蘭／南高地〔Glenturret〕 單一麥芽威士忌

陀崙特蒸餾廠創業於 1755 年，相傳在更早以前就有私釀活動，因而當地人聲稱這是蘇格蘭製作威士忌歷史最悠久的蒸餾廠。口味當然不在話下，但更重要的是這裡有一隻非常出名的貓咪，穀倉貓「托澤（Towser）」抓到的老鼠數量為世界第一，還獲得金氏世界紀錄認證。

陀崙特三桶〔The Glenturret Triple Wood〕

酒精｜43%　**容量**｜700ml

香氣｜葡萄乾　森林　肉桂
味道｜杏桃　無花果　薑

使用以美國橡木桶、歐洲橡木雪莉桶，以及波本桶等三種酒桶熟成的原酒。甜美，充滿果香，來自木桶的熟成感以及淡淡的辛香料氣息擴散開來，令人心曠神怡。

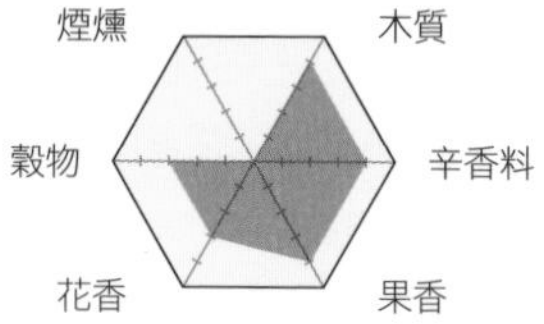

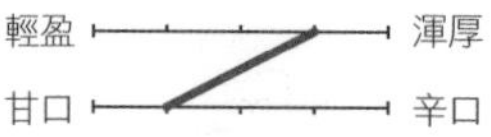

布萊爾阿蘇

在夏目漱石造訪過的小鎮上
所製作的稀有威士忌

蘇格蘭／西高地〔Ardnamurchan〕 單一麥芽威士忌

酒廠於 1798 年創立，位於皮特洛赫里（Pitlochry），這裡也是日本文學家夏目漱石在英國留學時曾駐足的休閒勝地。使用流經酒廠廠區的河川——「水獺小溪」（Allt Dour）的溪水來蒸餾，單一麥芽威士忌的產量非常少，是一款稀有的品牌。

布萊爾阿蘇 12 年（花與動物系列）

〔Blair Athol Aged 12 Years〕

酒精｜43%　**容量**｜700ml

香氣｜油脂　肉桂　蘋果
味道｜薑　杏桃　大麥麥芽

堅果感、櫻桃香氣，懷舊的甜味，帶一絲絲苦。古典歐風果香、辛香料、類似蛋糕的香味，比想像中更加多彩豐富。一人獨處時，也可用和三五好友聚會的心情來試試看。

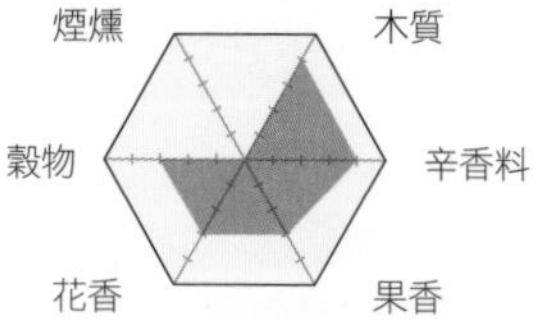

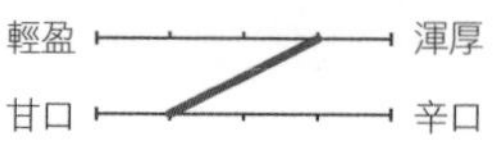

羅曼德湖

組合多款原酒的深層風味

蘇格蘭／南高地〔Loch Lomond〕 單一麥芽威士忌

最初是以蘇格蘭最古老的蒸餾廠之一「小磨坊蒸餾廠」（Littlemill）的第二工廠，於1814年在羅曼德湖畔開業。採用傳統的天鵝頸蒸餾器，以及特殊的直頸蒸餾器，組合多樣化原酒，製作出具有深度的威士忌。

羅曼德湖 12 年〔Loch Lomond 12 Years Old〕

酒精｜46%　容量｜700ml

香氣｜厚紙板　大麥麥芽　蘋果
味道｜哈密瓜　鳳梨　香草

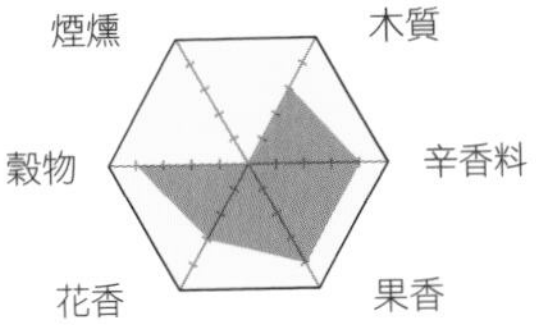

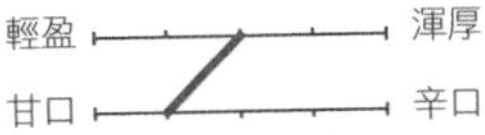

將無泥煤及中度泥煤的兩種原酒，使用再充桶（refill cask）、重新烘烤桶（Re-charred cask）、波本桶等三種木桶熟成。完熟桃子、洋梨的果香和香草的甜香構成絕妙平衡。

督伯汀

口感滑順有個性的高地威士忌

蘇格蘭／南高地〔Tullibardine〕 單一麥芽威士忌

督伯汀蒸餾廠位於高地區南方的布萊克弗德村（Blacford），過去曾經一度停業，直到2003年由四名投資人收購並重啟。最大的特色是雖被歸類為高地威士忌，然而卻有著低地區的滑順口感及柔和味道。

督伯汀君王〔Tullibardine Sovereign〕

酒精｜43%　容量｜700ml

香氣｜香草　大麥麥芽　柑橘
味道｜洋梨　蜂蜜　柳橙

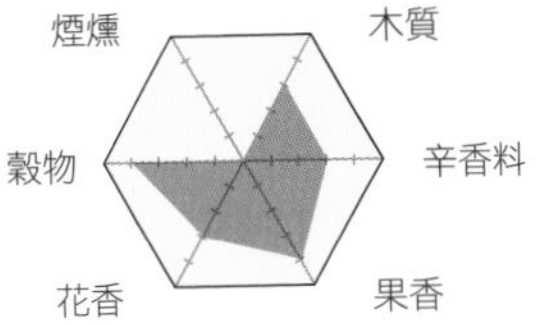

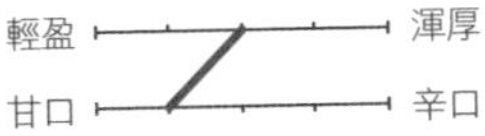

聯想到哈密瓜、青蘋果等水果，然後是薄荷、花朵及麥甜味逐漸擴散，其中還有淡淡的木桶辛辣感。「君王」這款作品以波本桶為主體，南高地風格的青澀果實風味及清爽的麥甜令人印象深刻。

斯特拉森

全手工的工藝蒸餾先驅

蘇格蘭／南高地〔Strathearn〕　單一麥芽威士忌

2013 年於高地區伯斯（Perth）附近成立的斯特拉森蒸餾廠，從大麥的運送到酵母添加、裝桶、裝瓶等一連串的作業都以手工進行，以「工藝蒸餾廠」先驅而著名。2019 年納入知名獨立裝瓶廠「道格拉斯・蘭恩（Douglas Laing）」旗下，推出第一款以最高級歐洲橡木桶和雪莉桶熟成的單一麥芽威士忌「斯特拉森批次 001」。由於酒廠的規模非常小，流通在市面的產品極少量，但有機會一定要試試工藝蒸餾特有的味道。

斯特拉森
單一麥芽批次 001

〔Strathearn Single Malt Batch 001〕

酒精｜46.6%　**容量**｜700ml

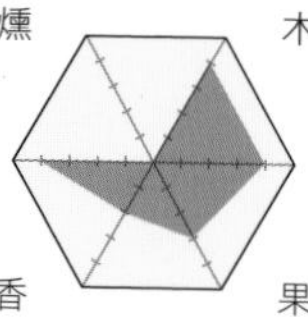

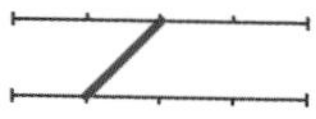

調性

加冰塊	★★★★★
水割	★★★★☆
高球雞尾酒	★★★★☆

我的推薦！

官方首批作品

使用最高級的歐洲橡木桶及雪莉桶熟成的單一麥芽威士忌，帶著甜甜的香味，同時也能感受到類似皮革的香氣。味道上雖然甜，卻很平衡，還有一些辛香料風味，收尾乾淨俐落。

蘇格蘭調和威士忌

將蘇格蘭當地酒款推廣到全世界，這就是調和威士忌深厚的實力。

蘇格蘭威士忌分成麥芽威士忌與穀物威士忌兩種，前者僅用大麥麥芽為原料，使用單式蒸餾器經過兩到三次蒸餾製成；後者則以玉米、裸麥等大麥以外的穀物為主要原料，並加入少量大麥麥芽幫助糖化，多半使用連續式蒸餾器來製作。將這兩類原酒混合之後，就成為第三個類型——調和威士忌。

歷史上最先出現的是麥芽威士忌，到了十八世紀時，由於政府對於原料麥芽課以重稅，部分釀酒業者選擇私釀，另外有一些人則改用麥芽以外的穀物當原料，以製作穀物威士忌另謀出路。

進入十九世紀，連續

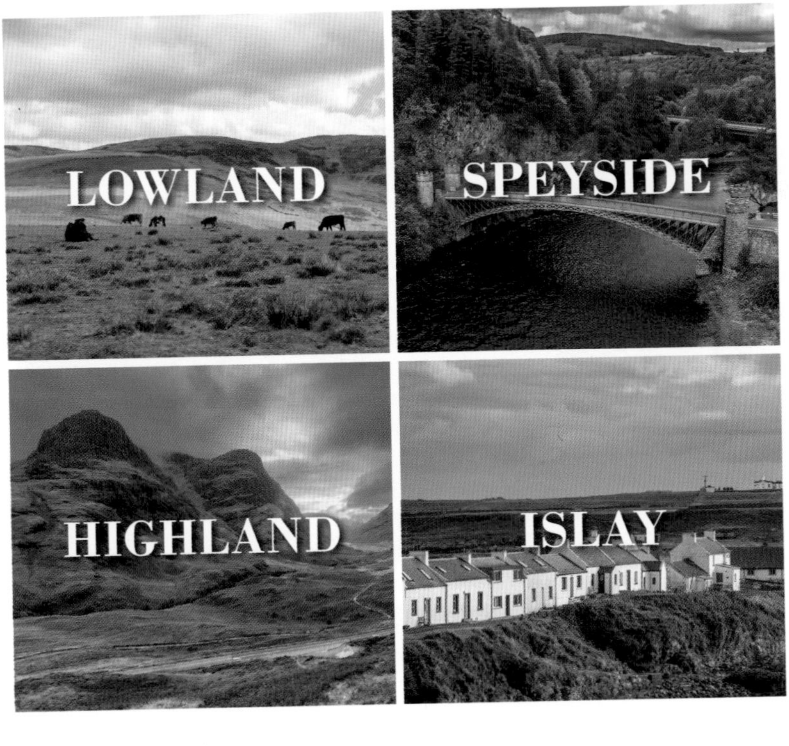

◀ 調和威士忌並不只是將麥芽及穀物兩種威士忌混合就好，例如下頁的「百齡罈 17 年」，其實是將來自蘇格蘭各地多達超過四十種原酒調和製成。

式蒸餾器發明之後，開始能以低廉的價格大量生產穀物威士忌，另一方面，這種製作方式卻有個缺點，就是會削弱蒸餾時的香氣成分，導致缺乏風味及個性。

於是，就出現了將麥芽及穀物兩種類型混合而成的調和威士忌。事實上，在一八六〇年之前法律明訂禁止混合兩者，但隨著禁令開放，以百齡罈為首的調和威士忌陸續誕生。風味明顯的麥芽威士忌與缺乏個性的穀物威士忌在絕妙調和之後，立刻受到廣大消費者的喜愛，這股潮流跨海席捲歐洲各地、北美，甚至到日本。因此，在日本最先獲得消費者認同的蘇格蘭威士忌，就是調和威士忌。

一般來說，調和威士忌會由數十種麥芽威士忌加上幾種穀物威士忌製成。因此必須要非常了解各種元素的個性，精挑細選，還得精準掌握混合的比例，這些都在在考驗著調酒師的功力。百齡罈、起瓦士、約翰走路，這些傳統的知名品牌也很多，調和威士忌也可說是大家最熟悉的蘇格蘭威士忌。

▲ 知名的調酒師喬治·百齡罈（George Ballantine）從 1860 年代開始在愛丁堡與格拉斯哥的雜貨店進行調和。他的精神也傳承到後世，以使用高地、艾雷島、低地及斯貝賽區所產的原酒，調和出了不朽名作「百齡罈 17 年」在 1937 年問世。

▲ 世界名酒「起瓦士 18 年」的推手——起瓦士首席調酒師柯林·史考特（Collin Scott）。此外，考量日本人的口味，他還開發了使用日本產水楢桶來進行融合的「起瓦士水楢桶」版本，是現代相當知名的調酒師。

百齡罈

創辦人是調和威士忌的推手

蘇格蘭〔Ballantine's〕　調和威士忌

在調和威士忌的歷史上，絕對少不了百齡罈的創辦人喬治·百齡罈。1860年代，他在自家位於愛丁堡與格拉斯哥的食品雜貨店內開始調製威士忌，高超的技術最後跨越蘇格蘭國界，傳遍全世界。1895 年更獲得維多利亞女王授予皇室認證，在 1953 年進軍日本市場。當年英國女王伊麗莎白二世進行加冕儀式，全日本也掀起一股英國熱潮。百齡罈的魅力之一就是品項豐富，並曾獲得多項獎項，例如「百齡罈 17 年」就曾獲得 ISC 國際烈酒競賽金牌獎。

百齡罈 17 年〔Ballantine's 17 Years Old〕

酒精｜40%　　容量｜700ml

香氣｜● 辛香料　● 花香　● 洋梨
味道｜● 蘋果　● 麥芽糖　○ 白花

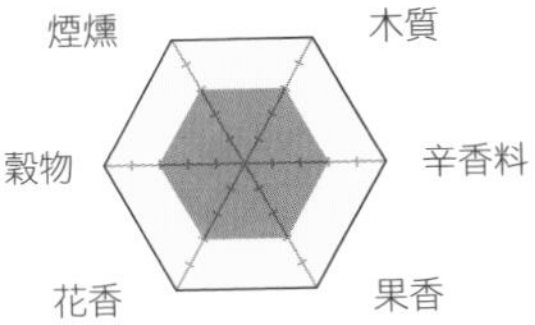

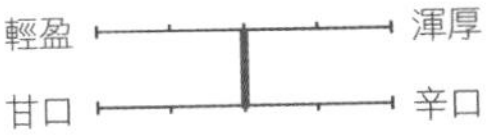

調性

加冰塊	★★★★★
水割	★★★★★
高球雞尾酒	★★★★★

我的推薦！

讓全球蘇格蘭威士忌愛好者讚不絕口的佳釀

前調是香草、柳橙、桃子一類，然後陸續出現蜂蜜、熱可可、橘子醬、肉桂、丁香等風味。入口之後感覺到水果蛋糕、香草冰淇淋以及牛軋糖的味道，辛口尾韻，帶著淡淡的辛香料感。

Other Variations

百齡罈 12 年
將超過 40 種原酒經過 12 年以上時間熟成，酒液呈現明亮的金黃色，帶有宛如蜂蜜、香草般甜美華麗的香氣。
● 酒精：40%　● 容量：700ml

百齡罈 30 年
超過 30 年熟成，堪稱百齡罈的最高峰，強勁芳醇的味道，伴隨著綿延不斷的優雅尾韻。
● 酒精：40%　● 容量：700ml

貝爾斯

風味豐富，是很受歡迎的乾杯酒

蘇格蘭〔Bell's〕　調和威士忌

這是在英國最多人飲用的威士忌，一切就從名調酒師亞瑟・貝爾（Arthur Bell）加入位於英國北部伯斯的一家酒商開始。多年來沒有任何宣傳，連品牌名稱都沒有，在銷售上非常低調，直到他兒子才冠上「Bell's」的品牌。瓶頸上印有「afore ye go（在出航之前）」，這是亞瑟每次在乾杯時會喊的一句口號，因為這句話，還有「Bell」＝鐘，經常讓人聯想到婚禮上敲的鐘，因此在英國常有人用它來當作婚禮上慶祝飲用的酒款。

貝爾斯調和威士忌

〔Bell's Original〕

酒精｜40%　容量｜700ml

香氣｜○穀物　●杏桃　●堅果
味道｜●花香　○柑橘　●油脂

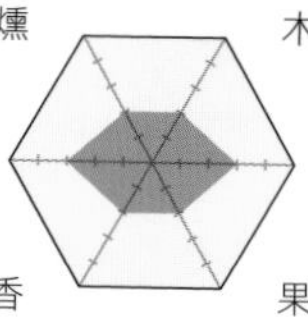

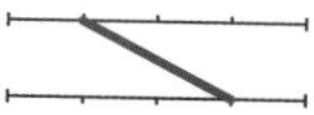

調性	
加冰塊	★★★☆☆
水割	★★★☆☆
高球雞尾酒	★★★★☆

我的推薦！

和不需客套的好夥伴輕鬆暢飲

雖然是一般等級的調和威士忌，卻有相當高的水準。麥味十足，感覺沉穩，感受得到草本植物、蜂蜜、香草、李子之類的風味，一入口後出現水果蛋糕、堅果、麥芽的味道，尾韻宛如一縷輕煙。

起瓦士

村上春樹的小說中出現過的頂級逸品

蘇格蘭〔Chivas Regal〕 調和威士忌

作家村上春樹曾經出版以威士忌為主題，遍遊蘇格蘭的遊記，而在他的小說中也經常出現威士忌，甚至代表作《挪威的森林》中還有一景是以這款起瓦士搭配小烤爐燒烤的柳葉魚。目前的首席調酒師柯林．史考特，出生於祖孫三代都製作威士忌的家庭，從小在奧克尼群島蒸餾廠長大，堪稱「威士忌萬事通」。由他一手打造出的「起瓦士 18 年」，在 2015 榮獲 IWSC 國際葡萄酒與烈酒大賽的傑出金獎。

起瓦士 18 年

〔Chivas Regal 18 Years Old〕

酒精｜40%　容量｜700ml

香氣｜○香草　○柳橙　●洋梨
味道｜○白桃　●杏桃　○穀物

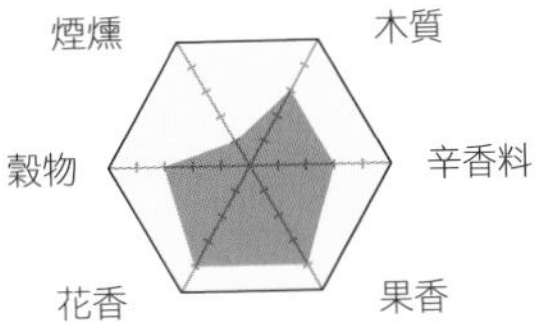

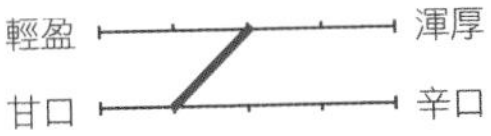

調性	
加冰塊	★★★★★
水割	★★★★★
高球雞尾酒	★★★★★

我的推薦！

洋溢著果實風味的頂級蘇格蘭威士忌

完成度相當高的頂級調和威士忌。橘子皮、杏桃果乾、香草等香氣讓人心曠神怡，入口後是橘子醬、苦巧克力，還有淡淡的煙燻味，強烈建議純飲看看。

Other Variations

起瓦士水楢桶 12 年
使用原產於日本的水楢桶，為了配合日本人的口味，使用熟成 12 年以上的原酒來調和。
● 酒精：40%　● 容量：700ml

起瓦士 12 年
旗艦款，可以享受到香草和榛果的風味，很適合搭配雞肉、義大利麵。
● 酒精：40%　● 容量：700ml

順風

令人聯想到白色浪花的味道

蘇格蘭〔Cutty Sark〕　調和威士忌

現年五十歲左右的日本人，提到「順風威士忌」時，或許都能回憶起它的廣告與帶點撩人意味的海報。酒標上畫的正是當年從中國運輸紅茶到英國的英式帆船，為這款威士忌冠上「Cutty Sark」之名的是畫家詹姆斯．麥比（James McBey），而酒標上的畫也是他的作品。主要以「麥卡倫」、「格蘭路思」等幾款斯貝賽區威士忌以平衡的比例調和出圓潤且優質的作品，宛如搭著帆船吹拂海風的清爽風味，具備在全球大量銷售的實力。

順風調和威士忌

〔Cutty Sark Original〕

酒精｜40%　　容量｜700ml

香氣｜○香草　◎麥芽糖　●蘋果

味道｜○柑橘　◎花香　○穀物

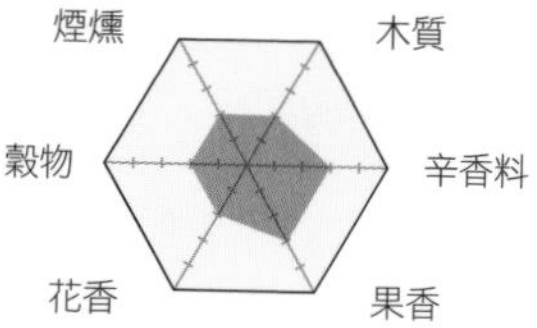

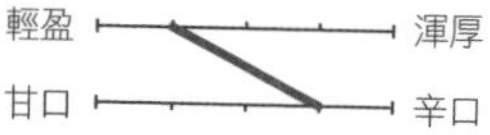

調性

加冰塊	★★★☆☆
水割	★★★☆☆
高球雞尾酒	★★★★★

我的推薦！

非常平衡且帶有清爽風味

酒體輕盈又順口，是非常易飲的一款調和威士忌。前調帶有花香，然後是草本植物、卡士達醬、青草等氣息。味道柔和之中有著柑橘皮和麥芽風味，尾韻輕快，帶著淡淡的辛口感。

Other Variations

順風 12 年 Deluxe

在極有品味的淡淡琥珀色及優雅口味之中，追求更多層次的風味。

● 酒精：40%　● 容量：700ml

帝王

在美國走紅的大品牌

蘇格蘭〔Chivas Regal〕 調和威士忌

創辦人約翰・杜瓦（John Dewar）一開始將蘇格蘭威士忌混合之後裝瓶出售的故事很有名，但將「帝王」推向更高峰的，則是他的兒子湯米・杜瓦（Tommy Dewar）。他發揮宣傳的能力，製作了全球第一支飲料電影廣告，並且在歐洲地區打出最大的霓虹燈看板廣告。1891 年，出身蘇格蘭，有「鋼鐵大王」之稱的企業家安德魯・卡內基（Andrew Carnegie）將整桶帝王威士忌致贈給當時的美國總統班傑明・哈里森（Benjamin Harrison），在全美引起熱烈討論。自此之後，在美國只要一提到蘇格蘭威士忌就等於「帝王」，直到現在仍是大眾認知的大品牌。

帝王 12 年〔Dewar's 12 Years〕

酒精｜40%　容量｜700ml

香氣｜○蜂蜜 ○洋梨 ○穀物
味道｜●蘋果 ○柳橙 ○香草

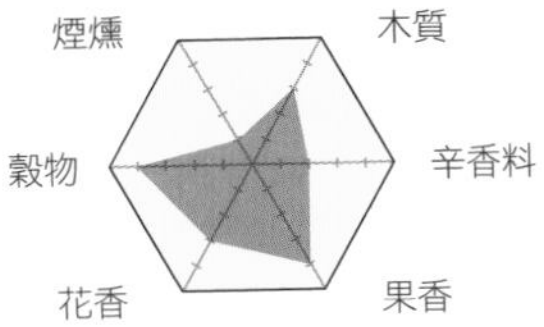

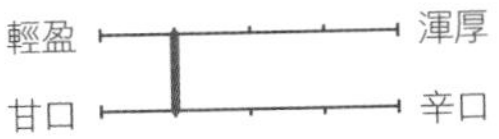

調性	
加冰塊	★★★★★
水割	★★★★★
高球雞尾酒	★★★★★

我的推薦！

充分展現威士忌基酒的風味

多汁的果實，以及令人聯想到花香的熟成香氣，另外也有蜂蜜塔、葡萄乾、杏仁等香氣。奶油烤吐司、肉桂、巧克力的風味，讓人聯想到原酒艾柏迪。

Other Variations

帝王白牌威士忌
使用「艾柏迪」等麥芽威士忌比例較高的調和威士忌，酒質柔和，帶點辛香料風味，辛口感的結尾。
● 酒精：40%　● 容量：700ml

帝王 18 年
調和之後再移回木桶中過桶，採取傳統的熟成製程製作。
● 酒精：40%　● 容量：700ml

添寶

讓人忍不住想打開的琥珀色酒瓶

蘇格蘭〔Dimple〕　調和威士忌

「dimple」的原意是「淺凹、酒窩」，正如其名，這款酒的瓶身三個面都帶點微凹，讓鮮豔的琥珀色酒液在閃閃發光中帶著圓潤感。完全落實創辦人約翰・翰格（John Haig）的理念「僅使用熟成麥芽威士忌」，呈現圓潤柔和的高品質。

添寶 12 年〔Dimple 12 Years〕

酒精｜40%　容量｜700ml

香氣｜肉桂　薄荷　蘋果
味道｜胡椒　杏桃　穀物

讓人們沉醉的大人款牛奶糖，令人聯想到太妃糖、果乾的甜香中，帶著微苦的後韻，一杯接一杯……忍不住一直喝下去！這款酒和寬口杯莫名合拍，品飲時請特別留意選擇杯款。

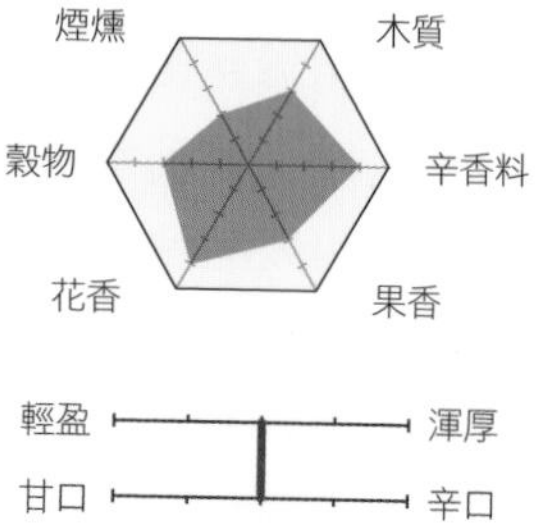

格蘭

固守傳統的三角瓶身

蘇格蘭〔Grant's〕　調和威士忌

製造商 William Grant & Sons 和單一麥芽威士忌的「格蘭菲迪」是同一間公司，起初所有麥芽威士忌原酒都出貨給調和使用，後來陷入經營危機，也開始自行製造調和威士忌。現在即使在英國境內，銷售量也是號稱數一數二的知名品牌。

格蘭三桶調和威士忌

〔Grant's Triple Wood〕

酒精｜40%　容量｜700ml

香氣｜穀物　柑橘　花香
味道｜香草　大麥麥芽　洋梨

使用以美國橡木桶、全新橡木桶以及再次裝填波本桶，三種木桶熟成的原酒調和製成。在麥味中增添香草甜美與淡淡的花香，收尾綿長甘甜。

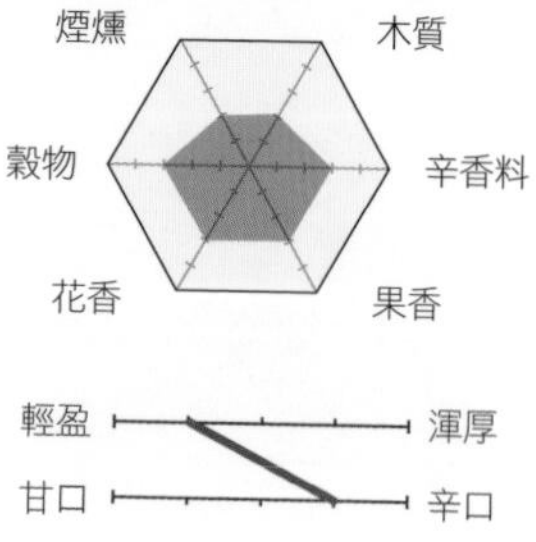

威雀

遨翔於全世界的蘇格蘭國鳥

蘇格蘭〔The Famous Grouse〕　調和威士忌

會在品牌名稱冠上「Famous（知名）」這個字，是不是就令人感覺氣勢非凡？其實一開始上市時用的是「The Grouse（松雞，是蘇格蘭的國鳥）」作為品牌名稱，後來因為廣受上流人士的喜愛，大家在購買時都會說「給我那款『有名的』松雞威士忌。」據說因為這個緣故，到了第三代經營者時才把品牌換成現在大家熟知的「The Famous Grouse」，在台灣稱為「威雀」。創辦人設計的廣告台詞也與眾不同：「宛如情人般的濃情甜蜜度過夜晚……除了這一杯，其他都不想要。」即使是獨處的夜晚，身邊也永遠有威雀陪伴。

威雀金冠調和威士忌

〔The Famous Grouse Finest〕

酒精｜40%　容量｜700ml

香氣｜● 蘋果　○ 穀物　● 薄荷
味道｜● 辛香料　● 麥芽糖　● 巧克力

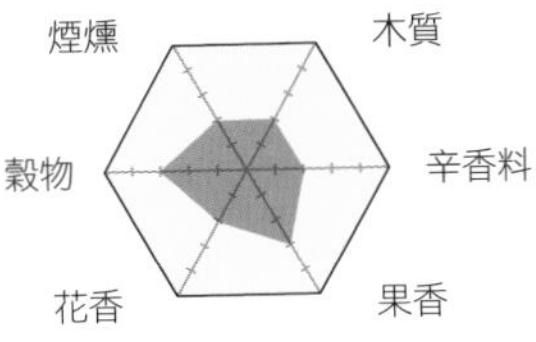

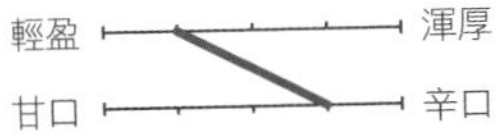

調性	
加冰塊	★★★☆☆
水割	★★★★☆
高球雞尾酒	★★★★★

我的推薦！

要說正統派的經典蘇格蘭威士忌，就是這一款！

清爽帶著甜味的氣息，有股剛出爐的奶油酥餅、蘋果、草本植物以及薄荷的香氣，各種風味相當均衡，可以感受到水果與麥芽的協調感，辛口且俐落的尾韻。

Other Variations

裸雀（The Naked Grouse）
將「金冠調和威士忌」置於雪莉桶過桶四年以上，簡單的瓶身設計也別具吸引力。
● 酒精：40%　● 容量：700ml

約翰走路

重複出現在大眾文化媒體上的品牌

蘇格蘭〔Jonnie Walker〕 調和威士忌

村上春樹作品《海邊的卡夫卡》中出現了同樣名字的人物，長谷川町子的《海螺小姐》裡更以「約翰走路黑牌」作為名牌酒的代表……對日本人來說，「約翰走路」是個大眾相當熟悉的品牌。19 世紀初期，約翰·華克（John Walker）在食品雜貨店販售威士忌，事業就此展開。到了第二代，兒子亞歷山大·華克（Alexander Walker）更加幹練，現在看到約翰走路的方形瓶身，斜貼 24 度的酒標，就是由亞歷山大拍板定案的設計。順帶一提，據說「邁步向前的紳士」這個商標，會因應時代而略有改版，這種虛心的態度也令人敬佩。

約翰走路雙黑極醇

〔Johnnie Walker Double Black〕

酒精｜40%　容量｜700ml

香氣｜● 煙燻 ● 蘋果 ● 肉桂

味道｜● 胡椒 ● 巧克力 ● 杏桃

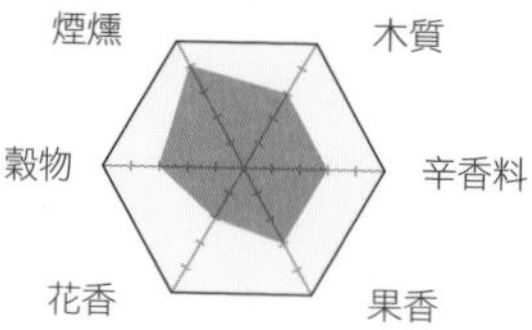

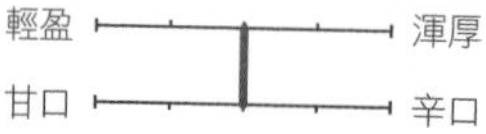

調性

加冰塊	★★★★☆
水割	★★★★☆
高球雞尾酒	★★★★★

我的推薦！

更明顯的煙燻感與豐富香氣

要推薦給紳士的話，就是「Double」，比一般的黑牌有更多的煙燻感，以及濃郁的香氣，最推薦給喜歡加冰塊，慢慢喝上幾杯的紳士派。不過要留意的是，通常在酒吧點酒說「Double」的話，指的是「兩倍分量」喔！

Other Variations

約翰走路黑牌 12 年

《威士忌聖經》的作者吉姆·莫瑞給予「調和威士忌巔峰之作」的極高評語。 ● 酒精：40% ● 容量：700ml

約翰走路藍牌

極致的調和威士忌，號稱「萬中選一的奇蹟」。無比芳醇，強勁有力且帶有淡淡煙燻的味道，特色是綿長舒服的尾韻。 ● 酒精：40% ● 容量：700ml

老伯

參與日本歷史的蘇格蘭威士忌

蘇格蘭〔Old Parr〕 調和威士忌

提到這款威士忌，有許多話題可聊。以酒瓶四個角之一當作底面，就能讓酒瓶斜立起來，可以像不倒翁一樣的特殊瓶身造型，因為「絕對不會倒下」、「往右上方傾斜」的特性，獲得日本商務人士和各界領袖的喜愛。此外，請大家注意酒標上的老爺爺，是位名叫湯瑪斯・帕爾（Thomas Parr）的英國人，據說他活到152歲！他也是「老伯」這款威士忌命名的靈感，繪製這幅肖像畫的是巴洛克時代的名畫家魯本斯（Peter Paul Rubens）。

老伯 Superior〔Old Parr Superior〕

酒精｜43%　容量｜750ml

香氣｜● 焦糖　● 杏桃　○ 穀物
味道｜● 皮革　● 莓果類　● 辛香料

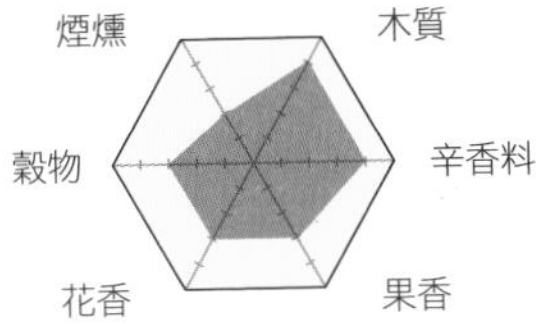

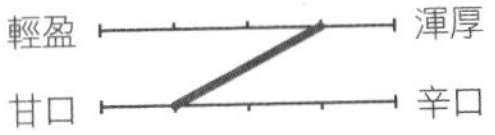

調性

加冰塊	★★★★★
水割	★★★★☆
高球雞尾酒	★★★☆☆

我的推薦！

睡前想讀幾頁書，就搭配老伯

讓人聯想到果乾的深層氣息，非常有吸引力。熱可可、柳橙蛋糕、覆盆子、橡木桶一類的香氣。入口後感受到Oloroso雪莉桶的風味擴散，接著是堅果感及溫潤的尾韻，推薦各位一定要試試純飲。

Other Variations

老伯 12 年

特色是清爽的果實甜味，帶有淡淡蜂蜜香氣。入口的口感滑潤，再來是溫暖的尾韻綿延。

● 酒精：40%　● 容量：750ml　5,000 日圓（未稅）

老伯 18 年

淡淡的麥芽甜味和來自木桶的芬芳香草氣息，滑順口感和綿長尾韻，是長期熟成才有的滋味。

● 酒精：40%　● 容量：750ml

J&B

義大利人傳承的熱情

蘇格蘭〔J&B〕　調和威士忌

創辦人賈科莫・賈斯里提尼（Giacomo Justerini）是個義大利人，當初他為了追求心儀的歌劇明星遠渡重洋到了英國，之後做起酒類生意，事業相當成功。「J&B」誕生於 1933 年，黃底紅字的鮮豔酒標，據說是希望擺放在酒櫃裡能特別醒目；是在美國、西班牙都很受歡迎一款調和威士忌。

J&B 蘇格蘭調和威士忌〔J&B RARE〕

酒精｜40%　容量｜700ml

香氣｜● 花香　○ 柑橘　● 烤吐司
味道｜● 洋梨　○ 穀物　○ 蜂蜜

帶有淡淡酵母味的氣息，接著是香草、楓糖漿以及柑橘類的果香，然後有柳橙、蓮花蜜、青草的風味，很適合水割或做成高球雞尾酒輕鬆喝。

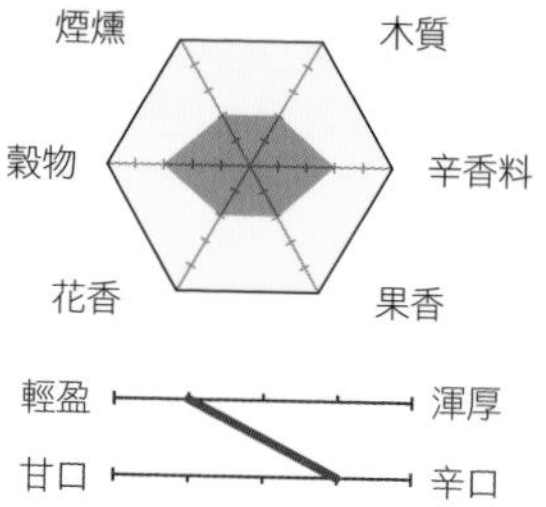

ROYAL HOUSEHOLD

由多達 45 種原酒調配而成，氣質不凡的逸品

蘇格蘭〔Royal Household〕　調和威士忌

以達爾維尼作為基酒，並且使用多達 45 種原酒。每一種原酒都是特別精挑細選，調製成味道纖細且氣質不凡的蘇格蘭威士忌。

Royal Household〔Royal Household〕

酒精｜43%　容量｜700ml

香氣｜○ 香草　● 乾草　● 洋梨
味道｜● 薑　○ 柑橘　○ 穀物

建立起最高級頂款蘇格蘭威士忌的地位，多年來屹立不搖，最大的祕訣就在於精心製程所產生的香氣口味與俐落尾韻。不是那種讓人一下子就滿足的高級酒，而是能夠閒聊之間不自覺一杯接一杯的巧妙順口感。

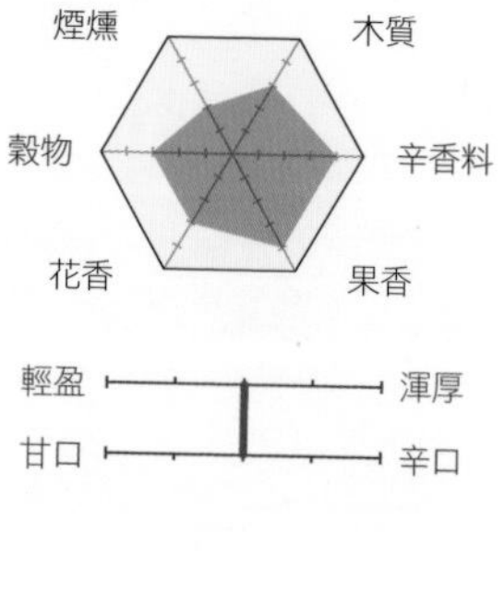

帝雀斯

最適合日常飲用的經典調和威士忌

蘇格蘭〔Teacher's〕　調和威士忌

催生者是出身格拉斯哥的威廉・迪卻（William Teacher），他從經營酒類買賣自學調和技術。帝雀斯的酒款號稱含有45%的高麥芽威士忌比例，價格卻非常實惠。CP值這麼高的調和威士忌，在市面上並不常見。

帝雀斯調和威士忌

〔Teacher's Highland Cream〕

酒精｜40%　容量｜700ml

香氣｜烤吐司　辛香料　柳橙
味道｜花香　穀物　蘋果

可能是使用阿德莫爾為原酒的關係，就調和威士忌來說偏向泥煤及煙燻感，但酒質輕盈，而且價格實惠，是一群男士聚會時，最理想的戰鬥酒！

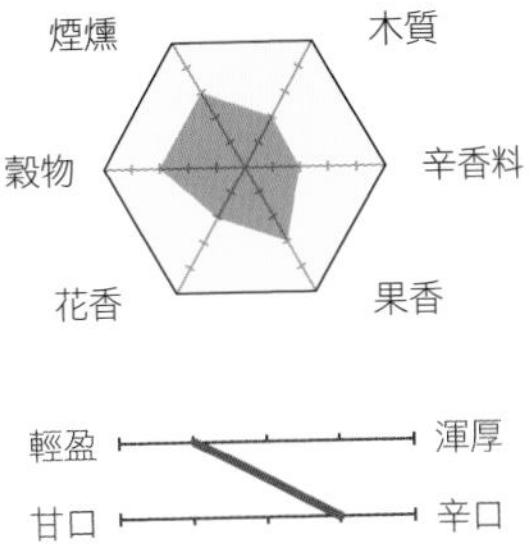

懷特馬凱

三次熟成產生的風味

蘇格蘭〔Whyte & Mackay〕　調和威士忌

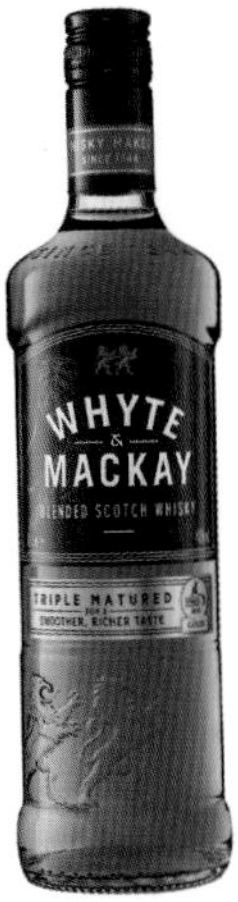

這裡要特別提一下，何謂「三次熟成製法」。首先，將麥芽威士忌及穀物威士忌的原酒分別熟成，接著先混和麥芽威士忌原酒，並移到雪莉桶中過桶。最後，將混合後的麥芽威士忌與穀物威士忌調和後，再次移入雪莉桶熟成。如此悉心熟成的過程，孕育出滑順甘甜的滋味。

懷特馬凱威士忌〔Whyte & Mackay Special〕

酒精｜40%　容量｜700ml

香氣｜焦糖　穀物　巧克力
味道｜皮革　辛香料　柳橙

在大摩、費特肯（Fettercairn）等歷史悠久的大蒸餾廠原酒加持之下，作品的色澤、風味，令人忍不住好奇，怎麼能夠用如此實惠的價格享受到這麼豐富的味道！各種品飲方式都很適合。

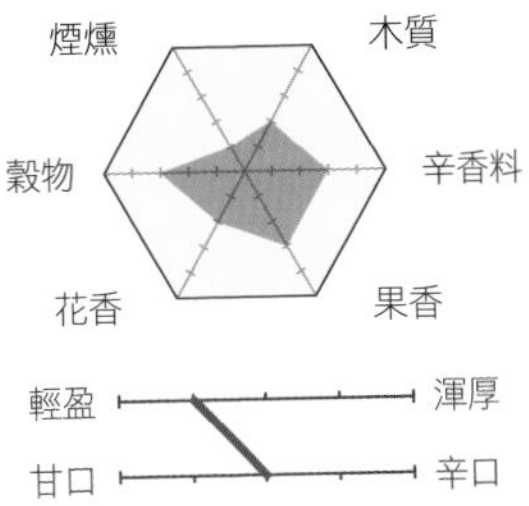

白馬

個性之外更添圓潤風味

蘇格蘭〔White Horse〕　調和威士忌

酒標上的白馬以及這款酒的名稱，都來自於蘇格蘭愛丁堡一間「白馬亭（White House Cellar）的老字號酒舖兼旅館。這裡曾是蘇格蘭獨立軍的指定住宿地點，被視為自由與獨立的象徵，它在 1908 年獲得英國皇室認證。在強調協調性的調和威士忌之中，這個品牌最特別的是使用個性鮮明的艾雷島威士忌作為基酒。在突顯泥煤加上煙燻感的獨特風味中，另外增添斯貝賽區威士忌的甜美與果香，在絕妙的均衡下營造出只屬於它的滋味。

白馬 12 年〔White Horse 12 years〕

酒精｜40%　**容量**｜700ml

香氣｜● 煙燻　○ 穀物　● 焦糖

味道｜● 蘋果　● 辛香料　● 麥芽糖

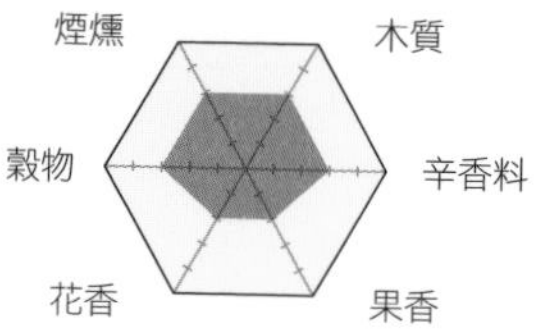

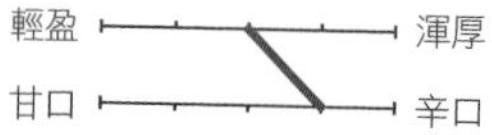

調性

加冰塊	★★★★☆
水割	★★★☆☆
高球雞尾酒	★★★★★

我的推薦！

威士忌新手也能輕鬆駕馭

沒什麼傲性的溫和白馬，相對於男子氣概的木質焦香熟成感，味道上帶點甜，酒質也輕柔，是一款門檻不高，就連入門者也能「安心騎乘」的白馬。加冰塊或做成高球雞尾酒都好喝，也很適合邊聊邊喝。

Other Variations

白馬 Fine Old

外層是讓人聯想到花朵、蜂蜜的清新香氣，包裹著深層的煙燻香，無論哪種喝法都很適合。

● 酒精：40%　● 容量：200ml／700ml／1,000ml／1,750ml

威海指南針

以前所未有的創意，來挑戰製作新的威士忌

英國／倫敦〔Compass Box〕 調和威士忌

約翰．葛雷瑟（John Glaser）過去曾是約翰走路的全球行銷總監，表現出色，憑藉一股熱情想要製作出心目中理想的威士忌，遂在2000年自立門戶，成立了「威海指南針威士忌公司」。

威海指南針泥煤怪獸

〔Compass Box The Peat Monster〕

酒精｜46%　　容量｜700ml

香氣｜● 油脂 ● 堅果 ● 海藻
味道｜◎ 煙燻 ◎ 藥品 ○ 柑橘

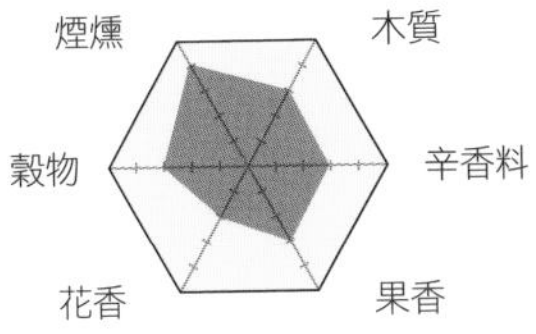

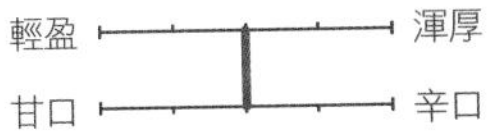

新酒標，新配方，比例從艾雷島37%加上其他63%變更為99%艾雷島威士忌（卡爾里拉與拉弗格），相當精純的調和威士忌，沒有雜質。圓潤的甜美、泥煤、煙燻，非常有良心的怪獸。

三隻猴子

使用三種斯貝賽麥芽威士忌原酒的巧妙調和

蘇格蘭〔Monkey Shoulder〕 調和威士忌

三隻猴子的特色，是只用精挑細選的斯貝賽麥芽威士忌原酒來製作出「調和麥芽威士忌」，僅以27桶小批次混合調製而成。使用的麥芽威士忌原酒皆來自斯貝賽區，包含格蘭菲迪、百富、奇富等同一個集團旗下的蒸餾廠作品。

三隻猴子〔Monkey Shoulder〕

酒精｜40%　　容量｜700ml

香氣｜◎ 柳橙 ◎ 蜂蜜 ○ 香草
味道｜○ 奶油 ◎ 洋梨 ○ 穀物

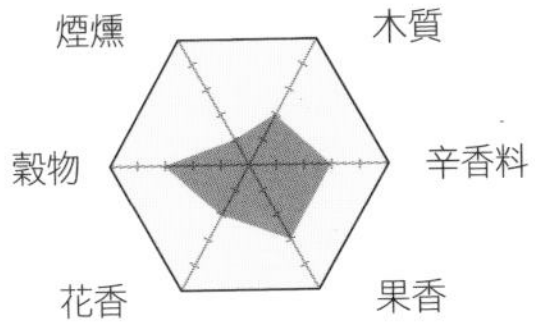

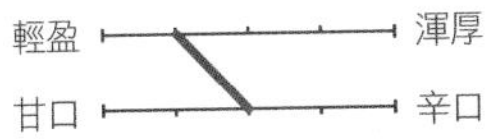

有著香草、蜂蜜、甜美果香，酒標是為了致敬威士忌酒廠中的工人，長年來因手工翻麥的辛苦勞動使得雙臂下垂，就像猴子肩膀一樣（Monkey Shoulder）。順口易飲，最適合開始接觸威士忌的人。

CHAPTER

04

日本威士忌——全球矚目的高評價

風起雲湧，百家爭鳴。日本生產的威士忌，
目前在全球獲得極高評價，愈來愈多人爭相收藏。
這一章會介紹許多有才華的後起之秀，
他們都歷經長期修藝，並贏得深厚信賴。

日本威士忌的歷史

贏得全球盛讚，下一波動態就是開設工藝蒸餾廠

日本首次製作威士忌是在一八七〇年左右，直到一九二四年才開始正式生產。三得利的創辦人鳥井信治郎與「日本威士忌之父」竹鶴政孝兩人搭檔，在一九二九年推出了「白札（現在的三得利白札）」首款正統日本威士忌。由於竹鶴曾在蘇格蘭的赫佐本蒸餾廠實習一段時間，深究起來仍屬於蘇格蘭威士忌的路線。

傳統來說，在日本有以蘇格蘭威士忌為範本的麥芽威士忌，以及混和了穀物威士忌的調和威士忌，以這兩者為主流。另一個特色，是為了配合日本人的口味而減少煙燻感。戰後的經濟迅速成長，威士忌的需求也隨著擴大，掀起一股威士忌熱潮。然而，在一八九〇年代中葉之後，市場逐漸減縮，直到二〇〇〇年代以後興起一股高球雞尾酒潮流，威士忌的需求再次提升。

目前日本國內主要的大蒸餾廠有三得利（山崎蒸餾廠／大阪、白州蒸餾廠／山梨）、Nikka Whisky（余市蒸餾廠／北海道、宮城峽蒸餾廠／宮城）、Kirin

▲ 竹鶴政孝設立的 Nikka Whisky 北海道工廠．余市蒸餾廠

▲ 余市蒸餾廠的壺式蒸餾器

▲Nikka Whisky 的創辦人竹鶴政孝

Distillery（富士御殿場蒸餾廠／靜岡）等。此外，有些規模雖小卻有自己的工藝蒸餾廠也逐年增加。不僅如此，二〇〇一年，Nikka Whisky 的「Single Cask 余市 10 年」在英國威士忌雜誌的大賽中獲得第一名，三得利的「響21年」則獲得第二名，日本威士忌名列前茅。自此之後，日本威士忌不斷在海外囊括各個獎項，在全球的評價也水漲船高。

日本蒸餾廠地圖
（2022年2月）

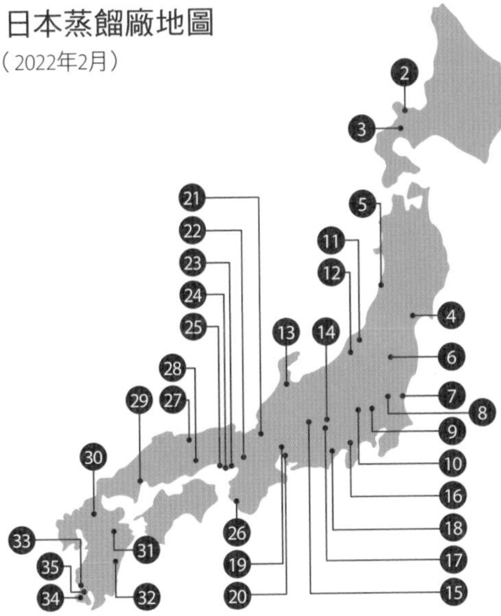

北海道	❶ 堅展實業厚岸蒸餾廠	❷ Nikka Whisky 余市蒸餾廠
	❸ 八海釀造二世古蒸餾廠	
宮城	❹ Nikka Whisky 宮城峽蒸餾廠	
山形	❺ 金龍遊佐蒸餾廠	
福島	❻ 笹之川酒造安積蒸餾廠	
茨城	❼ 木內酒造額田蒸餾廠	❽ 木內酒造八鄉蒸餾廠
埼玉	❾ 東亞酒造羽生蒸餾廠	❿ Venture Whisky 秩父蒸餾廠
新潟	⓫ 新潟龜田蒸餾廠	⓬ 新潟麥酒忍蒸餾廠
富山	⓭ 若鶴酒造三郎丸蒸餾廠	
山梨	⓮ 三得利白州蒸餾廠	
長野	⓯ 本坊酒造 Marusu 信州蒸餾廠	
靜岡	⓰ Kirin Distillery 富士御殿場蒸餾廠	⓱ 井川蒸餾廠
	⓲ Gaiaflow 靜岡蒸餾廠	
愛知	⓳ 清洲櫻釀造	⓴ 三得利知多蒸餾廠
滋賀	21 長濱浪漫啤酒長濱蒸餾廠	
大阪	22 三得利山崎蒸餾廠	
兵庫	23 六甲山蒸餾廠	24 明石酒類釀造海峽蒸餾廠
	25 江井嶋酒造	
和歌山	26 Plum 食品紀州熊野蒸餾廠	
鳥取	27 松井酒造倉吉蒸餾廠	
岡山	28 宮下酒造岡山蒸餾廠	
廣島	29 Sakurao B&D 櫻尾蒸餾廠	
福岡	30 福德長酒類	
大分	31 津崎商事久住蒸餾廠	
宮崎	32 尾鈴山蒸餾廠	
鹿兒島	33 小正嘉之助蒸餾廠嘉之助蒸餾廠	34 本坊酒造 marusu 津貫蒸餾廠
	35 西酒造御岳蒸餾廠	

了解日本工藝蒸餾廠的必喝五款

這幾年因為日本威士忌日漸受到歡迎，新興蒸餾廠的設立如雨後春筍般出現。山崎、白州、余市、宮城峽、秩父等日本產的單一麥芽威士忌，似乎隨時都處於缺貨狀態。以下為大家挑選出運作超過三年的工藝蒸餾廠，詳細介紹備受矚目的品牌。

酒精濃度
55.5%

先試這款！

｜靜岡縣｜ Single Malt Japanese Whisky

單一麥芽威士忌 日本威士忌 靜岡 PROLOGUE K

帶有柔和果實感的質樸口味

2016 年 9 月取得威士忌製造執照的靜岡蒸餾廠，在 2020 年 12 月首次推出這款單一麥芽威士忌，值得注意的是，它是使用先前關閉的輕井澤蒸餾廠留下的蒸餾器「K」所製造的原酒。柔和果實感與紮實麥香的樸質口味，優異的表現讓人難以想像這是該廠推出的第一批作品。

酒精濃度
55%

｜北海道｜
Single Malt Japanese Whisky

厚岸單一麥芽 日本威士忌 芒種

路線清晰明確的酒款

最初以製作艾雷島威士忌為目標而成立的厚岸蒸餾廠，自 2016 年 10 月開始運作。「芒種」這一款於 2021 年 5 月推出，也是二十四節氣系列的第三波，接著會輪流推出單一麥芽威士忌與調和威士忌。帶苦味的可可豆和糖漬檸檬皮的風味，加上來自泥煤類似營火的煙燻感和麥味尾韻，從這些風味可以清楚展現蒸餾廠的目標路線。

酒精濃度
48%

| 富山縣 |
Single Malt Japanese Whiskyy

三郎丸 0 THE FOOL

繼承前人理念的重泥煤威士忌

三郎丸蒸餾廠在 1952 年取得威士忌製造執照，雖然撐過隔年發生的火災，卻歷時超過 64 年漫長的歲月才重建完成。這款作品就是在完成重建的 2017 年使用舊設備製作（於 2020 年 11 月推出）。沿襲前人的重泥煤威士忌製作理念，渾厚紮實的酒質充分展現迷人的個性，讓人忍不住想以「日本版樂加維林」來形容。2019 年更引進利用鑄造技術、全球首款的壺式蒸餾器「ZEMON」，這支注三年熟成的酒款很值得關注。

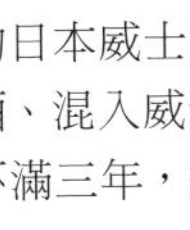

開啟日本威士忌歷史嶄新的一頁

2021 年 4 月 1 日起，日本洋酒酒造組合實施更嚴格的日本威士忌標示規範，也就是凡使用國外的原酒、混入威士忌以外的釀造酒精，或是熟成時間不滿三年，這些都不能再稱為「日本威士忌（Japanese Whisky）」。這裡介紹的酒款全都是百分之百、不折不扣的單一麥芽日本威士忌，加上都以接近出桶的高酒精濃度裝瓶，能充分感受到每個蒸餾廠不同的個性與方向。另一方面，過去在蘇格蘭行之有年的原酒交換，現在日本一些主要的工藝蒸餾廠也時有所見，像是 Marusu 蒸餾廠與秩父蒸餾廠、三郎丸蒸餾廠與長濱蒸餾廠等，這些酒廠都已推出共同合作所產出的酒款。

酒精濃度
58%

| 鹿兒島縣 |
Single Malt Japanese Whisky

單一麥芽威士忌嘉之助 2021 FIRST EDITION

氣候帶來的濃縮感與來自燒酎桶的甘甜

由小正釀造成立的嘉之助蒸餾廠於 2017 年 11 月開幕。2021 年 6 月推出的 FIRST EDITION 使用在自家釀造的米燒酎酒桶熟成的原酒為主，並將多桶混合而成。帶有濃肉桂蘋果茶、燉煮柳橙或是烘烤大麥的風味，以及華麗的木桶甜味。此外，鹿兒島的氣候加快熟成，也能感覺到這類木桶感和濃縮風味。

酒精濃度
50.5%

| 滋賀縣 |
Single Malt Japanese Whisky

單一麥芽威士忌長濱波本桶原桶強度

享受麥芽甜味與紮實酒體

多年來釀造精釀啤酒的長濱浪漫啤酒釀造所和餐廳附設的長濱蒸餾廠，從 2016 年正式開始運作。這款是 2020 年 12 月推出的第二批單一麥芽威士忌系列，來自波本桶熟成的麥芽香甜，加上紮實飽滿的酒體，以及隨之而來的果香，是令人印象深刻的酒款。

江井嶋蒸餾廠

由「杜氏」製作，來自於瀨戶內海的威士忌

日本／兵庫明石〔Eigashima Distillery〕

單一麥芽威士忌與調和威士忌

飄散著海水香氣的瀨戶內海與酒廠相望，江井嶋蒸餾廠是日本最靠近海邊的蒸餾廠。從江戶時期就開始釀酒，並在 1919 年取得威士忌的製造執照，可說是很有先見之明。此外，由「杜氏」（清酒廠的釀造職人）來製作威士忌，也是日本酒造才有的特色，使用的是來自六甲山系的伏流水，以及輕泥煤烘烤的大麥麥芽。近年來也致力於單一麥芽威士忌的製作，在外國的酒吧裡也能看得到產品。入口後有青蘋果、洋甘草、香草的香氣，口味上輕盈柔和。或許是在日本的海邊孕育而成，非常適合搭配海鮮料理，晚餐時小酌幾杯最是理想。

明石白橡木單一麥芽威士忌〔White Oak Single Malt Akashi〕

酒精｜46%　容量｜500ml

香氣｜大麥麥芽　杏桃　薑

味道｜堅果　蜂蜜　柳橙

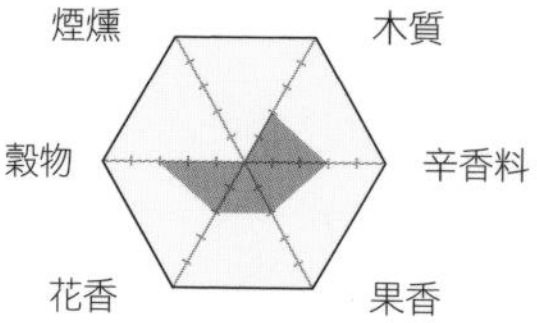

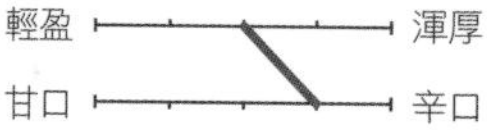

調性

加冰塊	★★★☆☆
水割	★★★★☆
高球雞尾酒	★★★★☆

我的推薦！

經驗豐富的老練魅力

雪莉桶與波本桶的複雜木質調風味，加上些許泥煤感。尾韻雖然不算長，但麥芽香氣、苦味的樸實口味，和主流大廠的華麗感有所區別。不勉強營造搶眼的個性，展現出老字號酒廠的沉穩幹練。

Other Variations

明石白橡木調和威士忌

使用 100%英國產麥芽為原料製成的蘇格蘭式調和威士忌，華麗麥芽香氣與清麗且微辛口的味道，令人印象深刻，很適合加冰塊或是做成高球雞尾酒輕鬆喝。

● 酒精：40%　● 容量：500ml　1,210 日圓

厚岸蒸餾廠

邁向完成 100%在地素材的「厚岸全明星」

日本／北海道厚岸〔Akkeshi Distillery〕

單一麥芽威士忌與調和威士忌

原本只是一名威士忌愛好者的企業家，因為想以日本威士忌實現多年來憧憬的「艾雷島威士忌口味」，於是在 2013 年成立這間蒸餾廠。地點選在北海道厚岸町，這裡氣候寒冷，夾雜海風的濃霧，加上清澈的空氣，連艾雷島威士忌少不了的泥煤也相當豐富。2016 年開始蒸餾，2020 年推出首款瓶裝作品。採用產自北海道的大麥「涼風」等當地素材為原料，木桶也選用在地原生的水楢等，不走模仿路線，刻意堅持製作出來自厚岸的威士忌，產品線每年不斷擴充。

厚岸單一麥芽威士忌芒種

〔Akkeshi Single Malt Japanese Whisky "BOSHU"〕

酒精｜55%　**容量**｜500ml

香氣｜● 煙燻　● 大麥麥芽　● 丁香

味道｜● 薑　● 黑土　● 柑橘

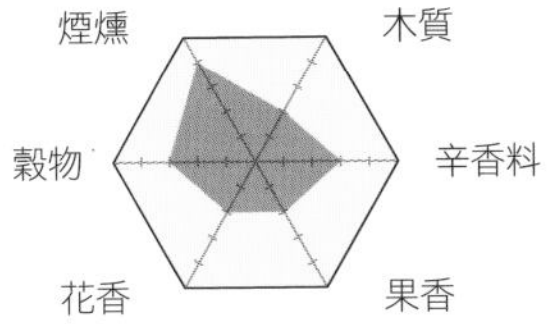

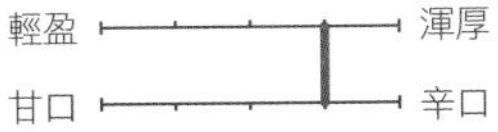

調性

加冰塊	★★★★☆
水割	★★★☆☆
高球雞尾酒	★★★★☆

我的推薦！

走向前方的清新與香氣令人著迷

潮濕的海風加上夏天的柏油路面、籠罩在泥煤之下的蘋果、焦香大麥、香草與丁香、辣椒的灼熱與薑、微苦可可豆和糖漬檸檬皮，最後留下營火的煙霧與辛口麥芽感。

Other Variations

厚岸調和威士忌雨水

24 節氣系列的第二款，調和威士忌，雨水。來自穀物原酒的雪莉桶、紅酒桶風味，非常豐富，令人印象深刻。

● 酒精：48%　● 容量：700ml

安積蒸餾廠

東北最古老的「在地威士忌蒸餾廠」

日本／福島郡山〔Asaka Distillery〕　單一麥芽威士忌

母企業在 1765 年於福島縣郡山市創業，是釀造日本酒的笹之川酒造。該公司在戰後不久，自 1946 年取得執照後，就開始以小規模一步一腳印持續製作威士忌。一直到了日本國產威士忌再度受到歡迎後，決定在 2015 年創業 250 年之際重新翻修蒸餾廠，並命名為「安積蒸餾廠」，隔年正式運作。目前廠內的兩座壺式蒸餾器是日本國產三宅製作所打造，從麥芽磨碎到蒸餾的全部製程，都是利用貯藏庫的一角空間來進行。「山櫻單一麥芽威士忌」是推出的首支泥煤款，酚值 50ppm 的煙燻風味相當迷人。

山櫻單一麥芽威士忌

〔Yamazakura Asaka The First Peated〕

酒精｜50%　**容量**｜500ml

香氣｜煙燻　柳橙　大麥麥芽
味道｜香草　胡椒　杏桃

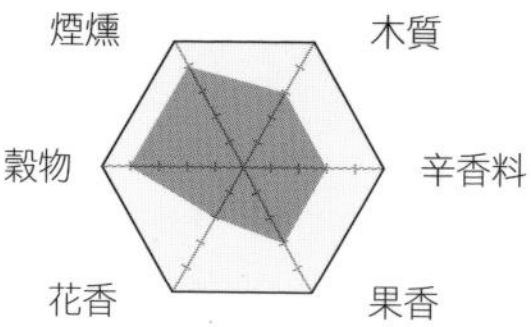

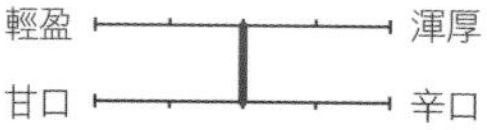

調性

加冰塊	★★★☆☆
水割	★★★★☆
高球雞尾酒	★★★★☆

我的推薦！

甘薯般的芳香令人陶醉

沒什麼新酒的刺激感，反倒能感受到泥煤香甜，而且有一股類似甘薯的香氣；味道上恰到好處的泥煤帶著微微刺激以及鹹味，接下來非常期待這間蒸餾廠經過木桶熟成後的滋味。

ICHIRO'S MALT

來自秩父，以獨特個性風靡全球

日本／埼玉秩父〔Ichiro's Malt〕
單一麥芽威士忌和調和威士忌

肥土伊知郎父親的蒸餾廠因為陷入經營危機而面臨關閉，伊知郎遂接收原先蒸餾廠的威士忌原酒，並開始製作威士忌，建立起在日本首屈一指的威士忌酒廠。肥土伊知郎推出了冠上自己名字的威士忌＊之後，在國外也獲得極高評價，並且為業界吹起一股新風潮。蒸餾廠沿襲蘇格蘭的製作方式，將目標放在回歸原點；另一方面，發酵槽則使用日本傳統的水楢，這類原創性也是其中一大魅力。此外，近年來成立自家的製桶工廠，開始生產木桶，並使用當地生產的大麥，投入發麥作業等，仍舊持續不斷求新求變。

秩父白葉調和威士忌

〔Ichiro's Malt & Grain White Label〕

酒精｜46%　容量｜700ml

香氣｜○柳橙　○穀物　○香草
味道｜●花香　●杏桃　●肉桂

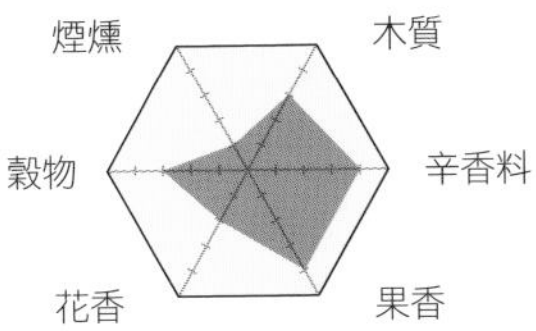

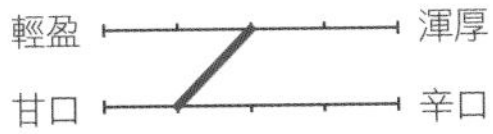

調性	
加冰塊	★★★★☆
水割	★★★★☆
高球雞尾酒	★★★☆☆

我的推薦！

可以從天明喝到夜晚

在太陽下山前就可以開喝了！很適合一群可以從白天暢飲到晚上（？）的上班族朋友。一開始是來自麥芽的豐富香氣，味道類似清新的柑橘，尾韻俐落。做成高球雞尾酒當然好喝，但其實兌熱水也不錯。

Other Variations

秩父金葉調和威士忌（Ichiro's Malt Mizunara Wood Reserve MWR）
圓潤甜味與複雜多層次的味道，帶有類似草本植物、洋梨的果香，此外還有泥煤感。● 酒精：46%　● 容量：700ml

秩父 The First Ten
熟成 10 年的單一麥芽威士忌。酒精濃度高，採用非冷凝過濾並且未經調色即裝瓶。● 酒精：50.5%　● 容量：700ml

＊品牌名稱「Ichiro」即為「伊知郎」的發音。

GAIAFLOW
靜岡蒸餾廠

靜岡引以為傲的工藝威士忌

日本／靜岡〔Gaiaflow Shizuoka Distillery〕　單一麥芽威士忌

2012 年開始從事威士忌的進口與販售，到了 2016 年正式著手自行製作。自此之後，以不同目的的兩座初餾器與一座再餾器組合之下，製作能展現靜岡當地風土的個性威士忌。「靜岡 Prologue K」使用從輕井澤蒸餾廠接手的蒸餾器（該公司稱這座蒸餾器為「K」），從 200 桶超過 3 年熟成的原酒中精選 31 款調和。另一方面，初餾器「W」則是向英國的知名設備商「Forsyths」特別訂製，是用柴火直接加熱的款式。用這座蒸餾器產出的作品，也是該蒸餾廠的招牌商品。

靜岡 Prologue K 單一麥芽威士忌

〔Single Malt Whisky Shizuoka Prologue K〕

酒精｜55.5%　　容量｜700ml

香氣｜○柳橙　○大麥麥芽　●丁香

味道｜●杏桃　●烤吐司　●煙燻

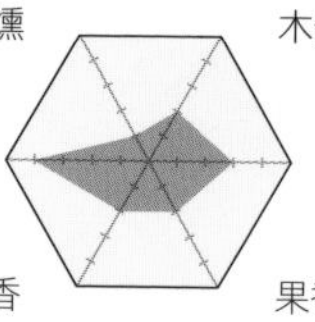

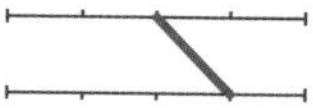

調性

加冰塊	★★★★☆
水割	★★★★☆
高球雞尾酒	★★★☆☆

我的推薦！

期待蜜柑少年未來的成長景象

使用 2012 年完全關閉的輕井澤蒸餾廠留下的傳奇壺式蒸餾器所製作的威士忌，在類似靜岡出產的蜜柑香氣之中，帶著淡淡的泥煤與木質風味，是一款很有 3 年熟成風格、宛如純真少年的麥芽威士忌。

Other Variations

靜岡 Prologue W 單一麥芽威士忌

使用蒸餾器「W」，在攝氏 800 度高溫下加熱蒸餾的暢銷商品。

● 酒精：55.5%　● 容量：700ml

嘉之助蒸餾廠

來自鹿兒島燒酎品牌所推出的芳醇美酒

日本／鹿兒島〔Kanosuke Distillery〕　單一麥芽威士忌

品牌名稱「嘉之助」，其實是母企業小正釀造第二代負責人的名字。小正釀造成立於 1883 年，靠著釀造鹿兒島當地名產燒酎發展事業。堪稱奇才的小正嘉之助將日本特有蒸餾酒，也就是燒酎的技術進一步提升，想要推廣到全世界，遂在 1957 年推出木桶熟成 6 年的米燒酎「Mellowed Kozuru（芳醇小鶴）」。第四代社長小正芳嗣承襲前人精神，打造了嘉之助蒸餾廠。「單一麥芽威士忌嘉之助 2021 FIRST EDITION」使用 2017 ～ 2018 年蒸餾廠成立時蒸餾的原酒所推出的第一批作品，其中蘊含了該廠多年來對蒸餾酒釀造的理念。

嘉之助單一麥芽威士忌
2021 FIRST EDITION

〔Single Malt Kanosuke 2021 FIRST EDITION〕

酒精｜58%　**容量**｜500ml

香氣｜木材　肉桂　杏桃
味道｜蜂蜜　薑　柳橙

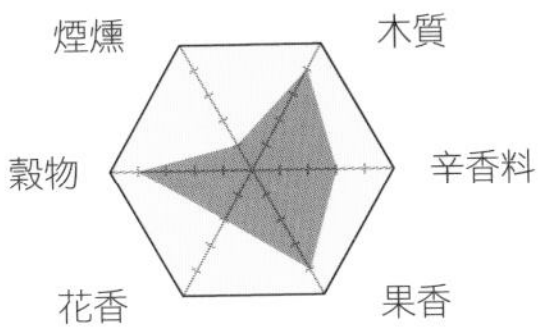

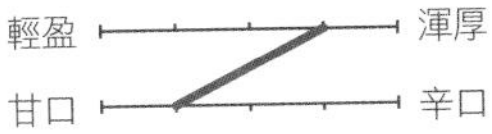

調性

加冰塊	★★★☆☆
水割	★★★★☆
高球雞尾酒	★★★☆☆

我的推薦！

木桶的厚實風味是一大特色

新鮮木材、肉桂糖以及含果肉的杏桃果醬香氣。味道是高雅的橡木桶甜味、肉桂蘋果茶、燉煮柳橙、塗上蜂蜜的司康，帶有丁香氣息的尾韻不斷。令人聯想到迅速熟成的木桶厚實的風味，令人印象深刻。

三郎丸蒸餾廠

北陸唯一。在富山經營超過半世紀的蒸餾廠

日本／富山〔Saburomaru Distillery〕 單一麥芽威士忌

1862 年創立於富山縣的若鶴酒造，因為戰後酒米不足的關係，轉而研發蒸餾酒，並在 1952 年取得威士忌的製作執照。自此之後，紮根地方成為北陸地區唯一一間正統威士忌蒸餾廠。沿襲蘇格蘭傳統威士忌製程，使用 50ppm 的重泥煤麥芽蒸餾的原酒，充滿煙燻芳香，十分迷人。另一方面，同時使用啤酒的艾爾酵母與威士忌酵母混合發酵，激發出果香，這正是日本酒酒造專精的技巧。目前廠內以波本桶為主，另外加上雪莉桶、富山產水楢桶等進行熟成，發展種類豐富的產品線。

三郎丸 0 THE FOOL

〔Saburomaru 0 THE FOOL〕

酒精｜48%　**容量**｜500ml

香氣｜● 煙燻　● 胡椒　● 黏土

味道｜● 大麥麥芽　● 薑　● 柑橘

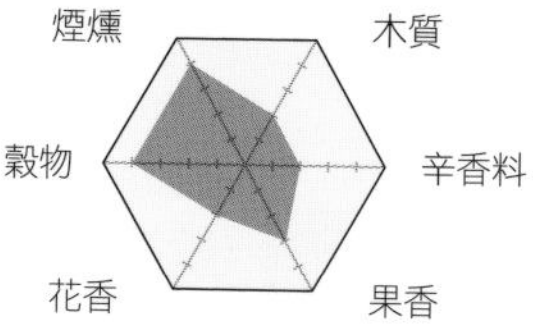

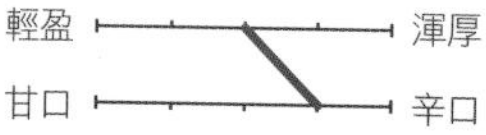

調性

加冰塊	★★★★☆
水割	★★★★☆
高球雞尾酒	★★★☆☆

我的推薦！

不可忽視的泥煤感，以及帶有溫度的麥芽味

一開始是泥土般的泥煤感、黑胡椒與香草、來自橡木桶的豐潤甜味、塵土般的煙燻感、鉛筆芯與麥芽，還有煙霧籠罩的柑橘風味，其中混雜著香草茶的單寧。不容忽視的粗獷泥煤和飽滿溫暖的麥味，都教人印象深刻。

SAKURAO DISTILLERY

廣島老字號酒廠的新開創

日本／廣島〔Sakurao Distillery〕 單一麥芽威士忌

1918 年於廿日市櫻尾創業的 Sakurao B&D（原名：中國釀造），釀製包括蒸餾酒、清酒等，業務範圍廣泛。在 2017 年，適逢成立百年之際另外創設工藝蒸餾廠，運用多年來培養的蒸餾技術與訣竅，生產展現廣島風土的豐富風味琴酒與威士忌。繼 2018 年的琴酒之後，終於在 2021 年推出「櫻尾」、「戸河內」這兩款單一麥芽威士忌。兩者各自在海邊與山間不同地點的貯藏庫中熟成，口味多樣，而且都是未加水的原桶強度，直接展現了淬煉後的原酒甘美口味。

櫻尾單一麥芽威士忌

〔1st Release Cask Strengh〕

酒精｜ 54%　容量｜ 700ml

香氣｜ ● 丁香　○ 柳橙　◎ 煙燻
味道｜ ● 油脂　◎ 大麥麥芽　◎ Dry

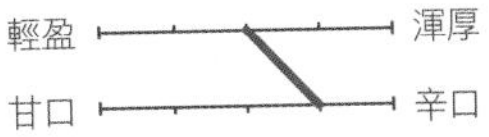

感受瀨戶內海熟成的價值

海水香氣還在淺灘，卻另有一股瀨戶內海的柳橙煙燻感飄散。酒精濃度高，酒體卻宛如新生兒般輕柔。在海風與山風的溫差下孕育而成，希望能感受到瀨戶內海熟成整體架構完成時的真正價值。

戸河內單一麥芽威士忌

〔1st Release Cask Strength〕

酒精｜ 52%　容量｜ 700ml

香氣｜ ◎ 青草香　● 蘋果　◎ 薑
味道｜ ○ 柳橙　◎ 鹽味　◎ 大麥麥芽

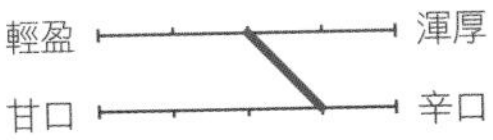

我的推薦！

蘋果、杏桃、清新的風味

隱藏在冷涼山間隧道裡的原酒，讓人感受到類似剛買的新鮮蘋果或杏桃一類的柔順甜味中帶一點青澀，背景是清新綠意的風味。如果不習慣面對過於強烈風格的話，或許這類清新小品恰好適合。

長濱蒸餾廠

在日本最小規模的蒸餾廠，
追逐世界最大的夢想！

日本／滋賀〔Nagahama Distillery〕 單一麥芽威士忌

蒸餾廠的母企業自 1996 年在琵琶湖北部開設精釀啤酒酒廠。在推動啤酒釀造之際，興起了「製作百年後也會讓人喜愛的威士忌！」這個想法，於是從 2016 年在廠區內開始製作威士忌。本來就是小小的啤酒廠，設置於其中的威士忌蒸餾廠，規模更小！目前的壺式蒸餾器有 1,000 公升的初餾器 2 座，加上再餾器 1 座，是全日本最小的威士忌蒸餾廠。「長濱單一麥芽威士忌」有雪莉桶、波本桶、艾雷島四分之一桶等各式各樣的木桶熟成，以單一桶、原桶強度等內容裝瓶而成的傑出作品。

長濱單一麥芽威士忌
波本桶原桶強度

〔Single Malt Nagahama Bourbon Barrel〕

酒精｜50.5%　容量｜500ml

香氣｜大麥麥芽　香草　杏桃
味道｜椰子　肉桂　柳橙

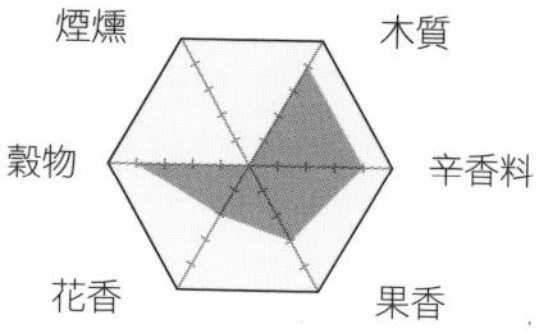

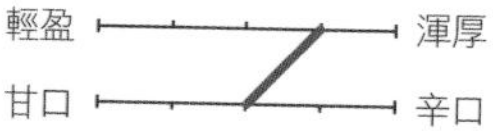

調性

加冰塊	★★★☆☆
水割	★★★★☆
高球雞尾酒	★★★★☆

我的推薦！

小蒸餾廠
勇氣十足的挑戰

由小規模 Alembic 蒸餾器交織出特殊的麥味及蜂蜜香氣，在強烈的衝擊下感受到以香草和蜜糖為主的甜味，一瞬間爆發擴散的風味。即使加水，仍保留糖漿般帶有甜味與黏稠度的酒質。

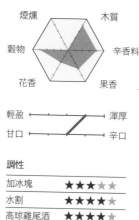

富士御殿場蒸餾廠

因應現代需求的「新發展」

日本／靜岡御殿場〔Fuji-sanroku〕

單一麥芽威士忌與調和威士忌

1973 年，Kirin Beer 與其他公司合併而成「富士御殿場蒸餾廠」，作為製作威士忌的據點，製作麥芽威士忌及三種穀物威士忌，一間可以製作四種原酒的酒廠，可說獨步全球。2020 年推出的「陸」，使用該蒸餾廠的穀物原酒，和來自國外的穀物原酒調和製成。此外，更以加入富士御殿場蒸餾廠的麥芽威士忌調整後的穀物威士忌為新開創。類似柑橘的華麗香氣，加上酒體紮實的口味，很適合做成高球雞尾酒等各種喝法，作品中蘊含了「希望大家自由享受威士忌」的理念。

富士御殿場「陸」

〔Kirin Whiskey Riku〕

酒精｜50%　　容量｜500ml

香氣｜● 丁香　○ 香草　● 植物

味道｜● 油脂　● 橡木桶　● 辛香料

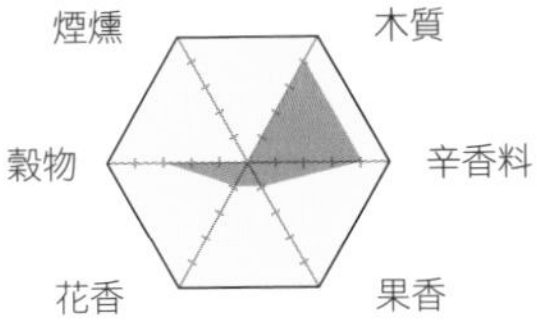

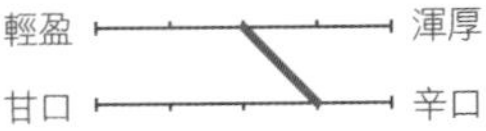

調性

加冰塊	★★★☆☆
水割	★★★★☆
高球雞尾酒	★★★★☆

我的推薦！

圓潤口感及製程的講究

來自木桶的豐潤酒體及辛香料感、飽滿的穀物風味，加水之後調性更佳，木桶的香甜融入水中後，喝起來口感更加圓潤舒服。感覺得出來酒精濃度調整到 50%，是酒廠的特別講究，屬於高 CP 值的一款芳醇佳釀。

駒之岳

由日本威士忌草創期關鍵人物一手催生

日本／長野宮田村〔Mars Shinshu Distillery〕 單一麥芽威士忌與調和威士忌

提到 Mars Whisky 就少不了岩井喜一郎這號人物，他正是 Nikka Whisky 的創辦人竹鶴政孝的上司。竹鶴從蘇格蘭學成返國之後，曾提出一份通稱「竹鶴筆記」的規劃，時任本坊酒造顧問的岩井先生就根據這份筆記，參與蒸餾廠的設計、指導，催生出 Mars Whisky。單一麥芽威士忌冠上靈山「駒之岳」的名稱。此外，蒸餾廠在 2020 年完成翻新工程，現在成了新的觀光景點，受到國內外眾多矚目。

駒之岳 IPA Cask Finish

〔Single Malt Komagatake IPA Cask Finish〕

酒精｜52%　容量｜500ml

香氣｜○柑橘 ●薑 ○大麥麥芽
味道｜○柑橘 ●草本植物 ●辛香料

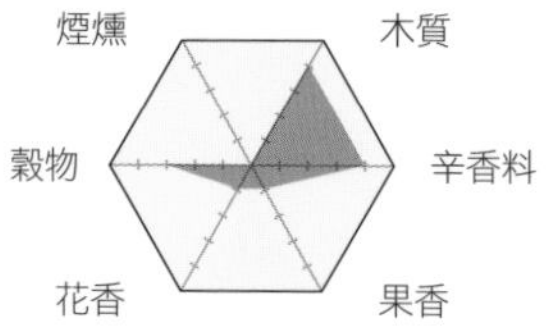

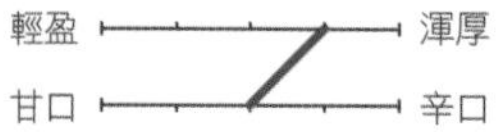

調性

加冰塊	★★★☆☆
水割	★★★☆☆
高球雞尾酒	★★★☆☆

柑橘類的香氣、甜味及苦味

來自啤酒花的清爽柑橘與草本植物香氣，柑橘類的爽淨甘甜，最後留下俐落且微苦的尾韻，是一款非常適合做成高球雞尾酒的威士忌。

Other Variations

Mars Maltage 越百
混和多種麥芽威士忌原酒，令人聯想到蜂蜜的甜香。
● 酒精：43% ● 容量：700ml

岩井 Tradition
酒質渾厚的調和威士忌，蘊含著對岩井喜一郎的尊敬與感謝。
● 酒精：40% ● 容量：750ml

MARS 津貫蒸餾廠

「日本最南端」的威士忌蒸餾廠

日本／鹿兒島 南薩摩市〔Mars Tsunuki Distillery〕 單一麥芽威士忌

這座 2016 年開設的蒸餾廠，是本坊酒造的第二個製作威士忌的據點，這裡也是該公司的發祥地，「津貫」位於薩摩半島西南方綠意盎然的山谷，周圍群山環繞的盆地，因此夏熱冬寒。由於冷暖溫差大，可利用這樣的環境來熟成威士忌原酒。冠上「津貫」之名的首款單一麥芽威士忌「津貫 The First」，口感渾厚與飽滿的尾韻，十分傑出。這是日本國內繼三得利、Nikka 之後第三個擁有多座蒸餾廠的企業。

津貫單一麥芽威士忌 The First

〔Single Malt Tsunuki The First〕

酒精｜59%　容量｜700ml

香氣｜◎肉桂 ●黑糖 ○蜂蜜

味道｜○香草 ◎洋梨 ●辛香料

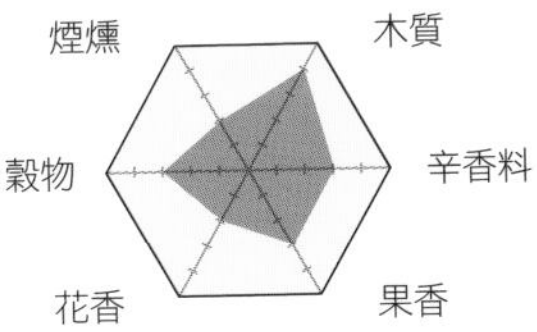

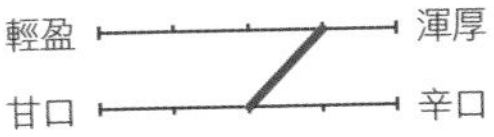

調性

加冰塊	★★★★☆
水割	★★★☆☆
高球雞尾酒	★★★☆☆

我的推薦！

感受到迅速熟成的濃縮風味，令人印象深刻

從肉桂風味的黑糖麵包、碎堅果和薑、杏桃、豐潤的木桶柔美甜味，轉為類似巧克力的單寧、柿子、枇杷、香草一類風味，還有燉煮得甜甜的桃子，最後留下酒精感的尾韻。

知多

開啟罕見的「單一穀物威士忌」路線

日本／愛知縣 知多〔Chita〕 調和威士忌

三得利為了要生產與麥芽原酒調和使用的穀物威士忌，在 1972 年設立了專門生產穀物威士忌的蒸餾廠。以玉米為原料蒸餾的穀物威士忌，一般來說多半扮演配角，用來襯托麥芽原酒的個性。然而，該蒸餾廠運用技術分別製作出細緻的穀物原酒，在 2015 年使用超過 10 種的穀物原酒，推出了單一穀物威士忌「知多」。作品充分展現穀物特殊的甘甜與香氣，加上輕盈的口味廣受好評，過去經常被山崎、白州搶走鋒芒的「知多」，一下子躍上檯面。

知多單一穀物威士忌

〔Suntory Whisky Chita〕

酒精｜43%　　容量｜700ml

香氣｜○穀物　○香草　●洋梨

味道｜●薄荷　●餅乾　○鳳梨

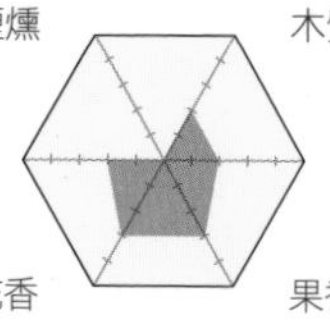

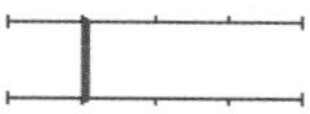

調性

加冰塊	★★★☆☆
水割	★★★★☆
高球雞尾酒	★★★★★

我的推薦！

做成高球雞尾酒享用最棒！

香草、棉花糖、泡沫鮮奶油、荔枝、糖漬桃子還有椰子、薄荷蛋糕、淋上蜂蜜的餅乾等等風味。味道甜美輕快，非常搭氣泡水，是一款怎麼喝都喝不膩的穀物威士忌。

響

世界公認的調和威士忌傑作

日本〔Hibiki〕 調和威士忌

1989 年，誕生於三得利創業 90 週年的頂級調和威士忌。從該公司擁有的約 80 萬貯藏桶中精選出符合「響」的長期熟成麥芽原酒，加入完美熟成的穀物原酒調製而成。在日本風土孕育之下，來自日本人纖細敏銳的感性與精準仔細的作業產生的味道，是完整呈現日本人精神的細緻傑作。自 2004 年起就不斷在各個國際級的評鑑會中獲獎，2015 年在英國的國際烈酒大賽「ISC」，「響 21 年」更在威士忌組連續三年獲得最高榮譽「Trophy」。

響 Japanese〔Hibiki Japanese Harmony〕

酒精｜43%　容量｜700ml

香氣｜◎洋梨 ○鳳梨 ●辛香料
味道｜○香草 ○穀物 ◎花香

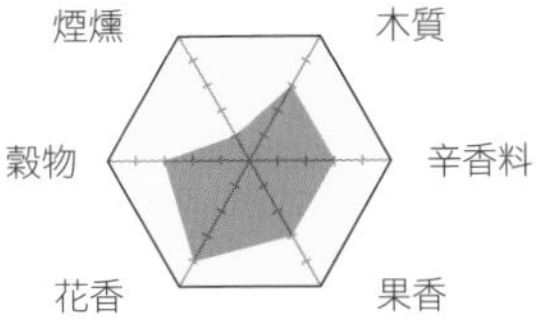

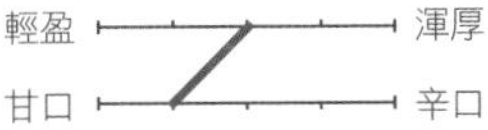

調性

加冰塊	★★★★★
水割	★★★★☆
高球雞尾酒	★★★★★

我的推薦！

華麗的甜香，木質辛辣的尾韻

世界最高水準的調和威士忌「響」系列的無年分款，和紅酒桶的調和營造出絕妙的微輕盈酒體。雖然有人說這是傑作 17 年的後續款，但兩者感覺大不相同。此款有迷人的華麗甜香，帶著木質辛香料刺激的尾韻。

Other Variations

響 21 年
極致甜美、讓人聯想到花朵的熟成香氣，入口口感滑順，熟成 21 年才有的高雅香醇。 ● 酒精：43% ● 容量：700ml

響 Blender's Choice
以酒齡廣泛的三得利多樣原酒加上專業的技術調製而成，是一款華麗成熟的逸品。 ● 酒精：43% ● 容量：700ml

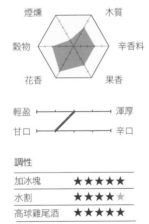

白州

森林中的蒸餾廠孕育出的爽快輕盈口味

日本／山梨 白州〔Hakushu〕　單一麥芽威士忌

在三得利跨足威士忌製作的 50 週年之際，在甲斐駒之岳山腰誕生了白州蒸餾廠。廠區周邊有將近 82 萬平方公尺（相當於約 64 個東京巨蛋）的森林，在全球少見的高地製作多樣化的原酒。提到「白州」最迷人的地方，就是爽快輕盈的口味。發酵槽使用的是傳統木桶槽，在桶內附著的自然乳酸菌作用下，產生特殊的風味。此外，蒸餾廠可預約參觀，廠區內還有鳥類保護區。不如找個假日，到森林裡散步還能享用威士忌，是不是很棒呢？

白州單一麥芽威士忌

〔The Hakushu Single Malt Whisky〕

酒精｜43%　**容量**｜700ml

香氣｜● 森林　● 薄荷　● 煙燻
味道｜○ 葡萄柚　● 青草香　● 薄荷

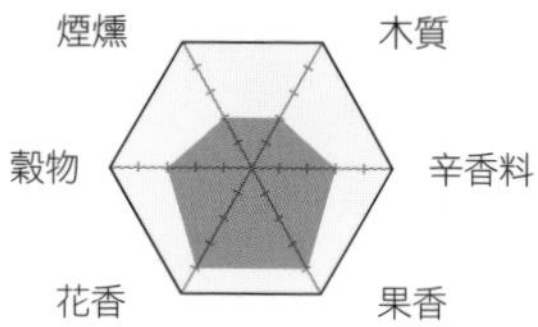

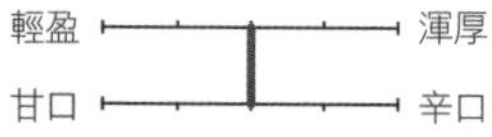

調性

加冰塊	★★★★★
水割	★★★★★
高球雞尾酒	★★★★★

我的推薦！

綠意盎然的季節最想品嚐的一款

綠意・薄荷・威士忌——這樣形容會太誇張嗎？總之，這股討人喜歡的鮮綠風味，很希望有為青年和年輕女性能品嚐看看，尤其春夏季是最適合的時候，搭配戶外活動也很棒。做成高球雞尾酒或水割都好喝，也可以搭餐。

Other Variations

白州 18 年單一麥芽威士忌
保有白州風格的清爽之外，更多了長期熟成才有的多層次味道。

● 酒精：43%　● 容量：700ml

山崎

使用連茶聖千利休也醉心的名水

日本／大阪 山崎〔Yamazaki〕 單一麥芽威士忌

三得利山崎蒸餾廠建立於 1923 年，是日本威士忌史上首座留名的蒸餾廠。在創辦人鳥井信治郎深信「好水生好酒，有良好的自然環境才能好好熟成」的原則下，選定了京都郊區的山崎作為蒸餾廠的地點。據說，千利休也是用這裡的水來沏茶。這裡分享個小故事：「崎」字是「山」字旁加「奇」構成的，但「山崎」酒標上卻是用「寿」的變化體來取代「奇」。據說這是因為三得利過去的公司名稱叫做「寿屋」。看酒標，遙想歷史，這也是品嚐威士忌的另一種樂趣。

山崎單一麥芽威士忌

〔The Yamazaki Single Malt Whisky〕

酒精｜43%　容量｜700ml

香氣｜● 莓果類 ● 烤吐司 ● 大麥麥芽
味道｜● 蜂蜜 ● 辛香料 ● 杏桃

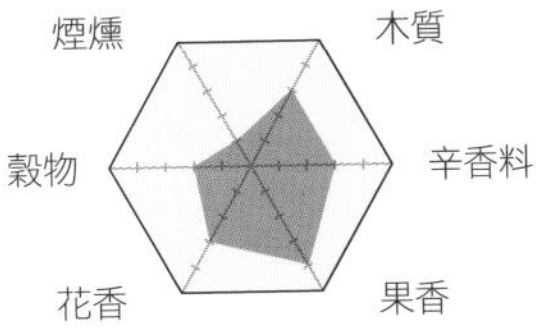

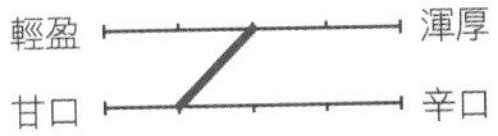

調性

加冰塊	★★★★★
水割	★★★★★
高球雞尾酒	★★★★★

我的推薦！

享受多重奏的單一麥芽威士忌

想要在太陽下山後悠閒享受的美好滋味。李子、熱可可、木質調的香氣，雖然是單一麥芽威士忌，卻能感受到複雜的多重奏。最適合在秋冬季節熱一杯來喝，其他時候加冰塊喝也不錯。

Other Variations

山崎 12 年單一麥芽威士忌
日本的威士忌首次在 ISC 上獲得金獎。有桃子、熟透的柿子、椰子、香草等甜香。 ● 酒精：43% ● 容量：700ml

山崎 18 年單一麥芽威士忌
主要使用雪莉桶熟成酒齡超過 18 年的麥芽原酒混合而成，能品味到熟成感的紮實酒體類型。
● 酒精：43% ● 容量：700ml

竹鶴

盡情享受余市＆宮城峽的絕妙混合

日本／北海道余市＋宮城仙台〔Taketsuru〕　純麥芽威士忌

這款威士忌冠上的是 Nikka Whisky 創辦人、有「日本的威士忌之父」稱號的竹鶴政孝之名，最大的特色就是它是「純麥威士忌」。於 2000 年首次推出，用北海道・余市蒸餾廠出產的余市麥芽威士忌，和仙台・宮城峽蒸餾廠生產的宮城峽麥芽威士忌，兩者混合製成，同時可以享受到強勁的前者與華麗的後者的調和之美。自從 2006 年「竹鶴 21 年純麥威士忌」拿下 ISC 的金獎之後，就頻頻在國際上大小評鑑會上獲獎。加上電視劇的影響，很多店家經常處於缺貨狀態。有緣遇到的話，一定要喝一杯！

竹鶴純麥威士忌

〔Taketsuru Pure Malt〕

酒精｜43%　**容量**｜700ml

香氣｜薑　烤吐司　杏桃

味道｜煙燻　蘋果　大麥麥芽

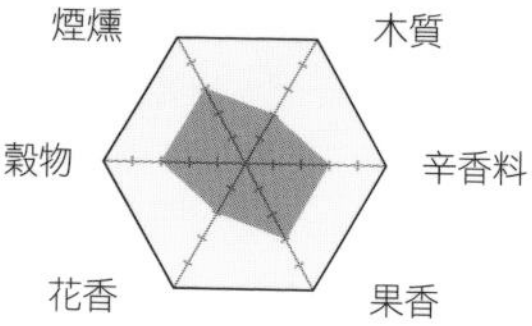

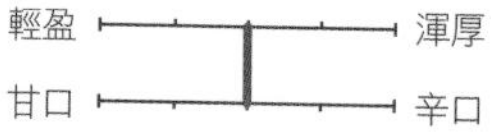

調性

加冰塊	★★★★☆
水割	★★★★☆
高球雞尾酒	★★★★☆

香氣明顯，順口易飲，味道豐富

類似杏子的酸甜果實香氣與香草類的甜美木桶熟成香，輕快的口味讓人聯想到萊姆。另外，能感受到紮實渾厚的麥味以及泥煤的香醇，尾韻像是微苦的巧克力。泥煤香氣在柔美木桶香的伴隨下，令人心曠神怡。

宮城峽

使用竹鶴政孝讚嘆的清流水源來進行蒸餾

日本／宮城仙台〔Miyagikyo〕　單一麥芽威士忌

位於仙台市區西部的宮城峽，是繼下一頁的余市之後，Nikka Whisky 的第二座蒸餾廠。該公司的創辦人竹鶴政孝走訪此地時，喝了新川的水並對清澈柔美的河水讚歎不已，於是用河水兌酒喝來確認口味，並當下就決定在此打造工廠，於 1969 年開始作業。在余市製作的麥芽原酒偏向蘇格蘭高地區的風格，強而有力，但宮城峽則走低地區的華麗纖細路線。在這座蒸餾廠裡有考菲式連續蒸餾器，也出產高品質的穀物威士忌。

宮城峽單一麥芽威士忌

〔Single Malt Miyagikyo〕

酒精｜45%　容量｜700ml

香氣｜蘋果　花香　大麥麥芽
味道｜杏桃　蘋果　辛香料

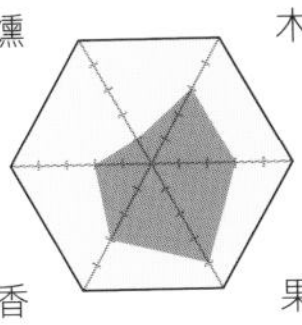

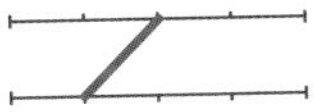

調性

加冰塊	★★★★★
水割	★★★★★
高球雞尾酒	★★★★★

我的推薦！

既穩重又溫和的氣質

如果說，余市是在竹鶴政孝的信念與決心下誕生的威士忌，那麼宮城峽展現的就是政孝晚年的溫柔。拜廣瀨川與新川的清澈河水之賜，宮城峽威士忌的甘美與溫潤的木質風味令人聯想到 Nikka 創業時的果實（＝蘋果）。*

*Nikka 剛開始創業時是生產蘋果汁。

余市

炭火直接加熱蒸餾產生的厚實口味

日本／北海道 余市〔Yoichi〕 單一麥芽威士忌

在蘇格蘭學習製作威士忌的竹鶴政孝，返國後找到他心目中最適合製作威士忌的地點——北海道余市。在 1934 年成立的余市蒸餾廠，竹鶴仿效自己在龍摩恩蒸餾廠學到的方式，採用傳統的炭火直接加熱蒸餾，這就是「余市單一麥芽威士忌」口味強勁渾厚的原因。順帶一提，首次對世人展現「日本威士忌，就在這裡」的作品就是「余市 10 年單一桶」，在 2001 年英國威士忌專業雜誌《威士忌雜誌》舉辦的品飲大會中獲得全球最高分。

余市單一麥芽威士忌

〔Single Malt Yoichi〕

酒精｜45%　容量｜700ml

香氣｜煙燻　烤吐司　大麥麥芽
味道｜蘋果　胡椒　海風

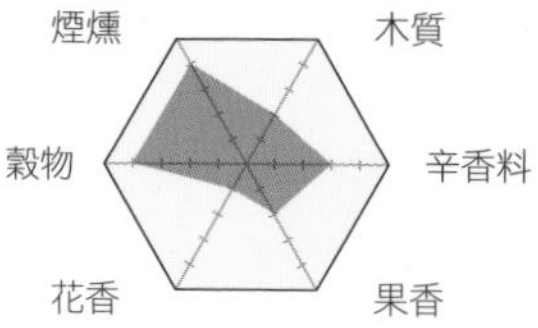

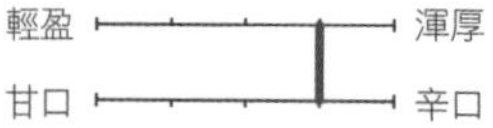

調性

加冰塊	★★★★☆
水割	★★★★☆
高球雞尾酒	★★★★☆

我的推薦！

來自北國的威士忌

應該有比北海道更方便的蒸餾廠地點，但竹鶴政孝為了追尋心目中理想的味道，最後來到北方大地，產生強大的信念，在酷寒中孕育出溫暖且豐潤的口味。麥芽的甘甜與煙燻調和讓全身都暖了起來，感覺沉默但韌性十足的溫柔。

CHAPTER

05

歐美與亞洲的威士忌
——跨越國境的共同語言

愛爾蘭、美國、加拿大、臺灣、印度、義大利、瑞典、芬蘭

據說歷史比蘇格蘭威士忌更長的愛爾蘭威士忌、
繼日本之後也燃起熱情投入威士忌生產的台灣，
全球各地的舞台上，琥珀色的酒液百家爭鳴。

愛爾蘭威士忌的歷史

走過了一段衰退期，近年來重獲得好評而走向復甦

據說歷史最悠久的是愛爾蘭威士忌，這裡指的是由位於大不列顛島西側的愛爾蘭共和國，以及英國北部的愛爾蘭，在這兩個地方製作的威士忌。

這個地方傳統的純壺式蒸餾（Pure Pot Still），原料以未發芽的大麥為主，還有裸麥及小麥，並加入無泥煤大麥麥芽後進行糖化、發酵，接著用大型壺式蒸餾器（單式蒸餾器）進行三次蒸餾。製麥時並不加入泥煤烘烤，雖然沒有煙燻感，但風味仍很豐富。此外，因為經過三次蒸餾，還有酒質輕盈的特性。雖然和蘇格蘭一樣有單一麥芽威士忌，但市面上多半是混了穀物威士忌的調和威士忌，整體來說，比蘇格蘭威士忌更加易飲、好入口。

據說十八世紀時愛爾蘭有約二千間蒸餾廠，但在不斷整合的一九七〇年代，最後濃縮到只剩兩處。首先是位於北愛爾蘭，全球歷史最悠久的布什米爾蒸餾廠（Bushmills Distillery，創業於一六〇八年）。傳統的三次蒸餾以及無泥煤的麥芽威士忌，長久以來只用於調和威士忌，但近年來也推出了單一麥芽威士忌。

接著是位於愛爾蘭共和國南部，擁有全球最大壺式蒸餾器的米爾頓蒸餾廠（Midleton Distillery）。不但是IDG（Irish Distillers Group）裡的核心蒸餾廠，旗下還有「尊美醇」、「紅馥知更鳥」等多個知名酒款。此外，在一九八七年成立的獨立系統庫利蒸餾廠（Cooley Distillery），推出的是在愛爾蘭少見的泥煤單一麥芽威士忌「康尼馬拉（Connemara）」。而在全球進入威士忌熱潮的二〇一〇年之後，陸續有超過三十間的新蒸餾廠紛紛成立或正在籌備中，愛爾蘭的反擊正要開始。

包含威爾斯在內，英格蘭與蘇格蘭的「大不列顛王國」，在 1801 年加入愛爾蘭之後誕生了「大不列顛及愛爾蘭聯合王國」。然而，1920 年愛爾蘭南部的 26 個郡脫離之後，英國的正式名稱便改為「大不列顛及北愛爾蘭聯合王國」。

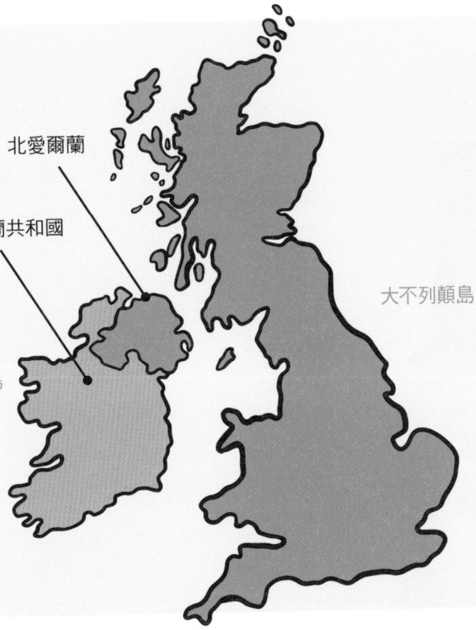

▲ 位於愛爾蘭島的北端，北愛爾蘭安特里姆郡（County Antrim）的布什米爾蒸餾廠。

愛爾蘭威士忌的五款入門推薦

由於全球掀起的威士忌熱潮，近期，連帶愛爾蘭國內也不斷有新的蒸餾廠成立。這裡挑選四間酒廠的威士忌作品來介紹，分別是歷史悠久的布什米爾、米爾頓（新米爾頓）、庫利以及天頂（Teeling）。

酒精濃度
40%

先試這款！

Blended Irish Whiskey

尊美醇愛爾蘭威士忌

輕快易飲，具代表性的酒款

尊美醇是新米爾頓蒸餾廠的代表性愛爾蘭調和威士忌，以大麥麥芽、大麥、穀物為原料。帶有西式甜點的香草甜香，輕快的穀物感，類似白桃或荔枝的果味，有愛爾蘭威士忌特殊的油脂感與薄荷氣息，輕盈溫和的一款。

酒精濃度
40%

Blended Irish Whiskey

布什米爾黑樽愛爾蘭威士忌

感受到來自雪莉桶的香味

布什米爾蒸餾廠除了「布什米爾單一麥芽威士忌」之外，也製作調和威士忌。黑樽這一款使用穀物威士忌調和，但仍有超過 80% 以 Oloroso 雪莉桶和波本桶最長熟成 7 年的麥芽原酒。感受到來自雪莉桶熟成的柳橙、杏桃溫和甜味，堅果、果乾、可可豆等風味，豐潤及多層次的香味是最大特色。

酒精濃度
46%

Pot Still Irish Whiskey

天頂 單一壺式蒸餾器 愛爾蘭威士忌

些微青澀與果味，加上紮實的麥味

天頂是由庫利蒸餾廠的創辦人約翰．蒂林（John Teeling）的兩個兒子在2015年成立的蒸餾廠，原料用的是大麥麥芽和未發芽的大麥，以新桶、葡萄酒桶、波本桶等熟成後的原酒調和製成。帶點青澀的草本植物，從些微的新鮮麥芽威士忌中充分感受到麥味。荔枝、帶油脂感的柳橙、蘋果或洋梨，還有香草。尾韻有丁香、薄荷和乾草氣息，之後會感覺到愈來愈強烈的穀物風味。

愛爾蘭獨特製法的壺式蒸餾威士忌

以愛爾蘭獨特傳統方式製造的壺式蒸餾愛爾蘭威士忌，條件是使用大麥麥芽及未發芽大麥各占超過30%，不使用泥煤麥芽，而且通常會進行三次蒸餾。特色是厚實的酒體、飽滿的穀物感，以及讓人聯想到南方的多汁果實感，口味豐富多層次。至於兩次蒸餾的愛爾蘭麥芽威士忌，和其他的愛爾蘭威士忌相較之下，口感更豐潤，類似蘇格蘭單一麥芽威士忌更有分量的感覺。愛爾蘭和蘇格蘭，究竟哪裡才是威士忌的發源地？這項爭議目前仍未有定論，但能嘗試比較一下兩地的威士忌也不錯。

酒精濃度
40%

Pot Still Irish Whiskey

紅馥知更鳥 12年

豐富的果實感與飽滿酒體

新米爾頓蒸餾廠製作的單一蒸餾器愛爾蘭威士忌，以大麥麥芽及未發芽大麥為原料，並使用Oloroso雪莉桶熟成的原酒。油脂感與滑順的口感，紮實與飽滿的酒體，12年款帶有綿密的洋梨、柳橙、鳳梨、百香果一類的果實感，以及薑、洋甘草等辛香料的複雜風味。

Malt Irish Whiskey

酒精濃度
40%

康尼馬拉

輕快的煙燻加上柔美果實的香甜

庫利蒸餾廠製作的康尼馬拉，是用熟成4年、6年、8年各種不同的原酒混合而成的愛爾蘭單一麥芽威士忌。以多數蘇格蘭威士忌酒廠採用的兩次蒸餾及泥煤風味為特色，在輕盈的泥煤煙燻感之中有著柔和果實甜味舒服擴散。彷彿在沙灘上聞著營火的氣味，同時吃著柑橘或蘋果，是一款能感受到青草氣息，又帶有香草、薄荷及麥甜的威士忌。

布什米爾

全球最古老酒廠的輕快風味

北愛爾蘭／安特里姆郡〔Bushmills〕　調和威士忌

愛爾蘭現存蒸餾廠中歷史最悠久的就是布什米爾蒸餾廠，這裡之所以能早在1608年就取得正式的蒸餾執照，推測很可能是此地和傳教士聖派翠克很有淵源的關係。製造方式走愛爾蘭威士忌風格，進行三次蒸餾，這款是非常入門的調和威士忌，平易近人，清新的風味，正符合 Bushmills ＝「森林裡的水車小屋」的印象。

布什米爾 原創愛爾蘭威士忌〔Bushmills Original〕

酒精｜40%　**容量**｜700ml

香氣｜○香草　●杏桃　○穀物
味道｜○柳橙　●餅乾　●薑

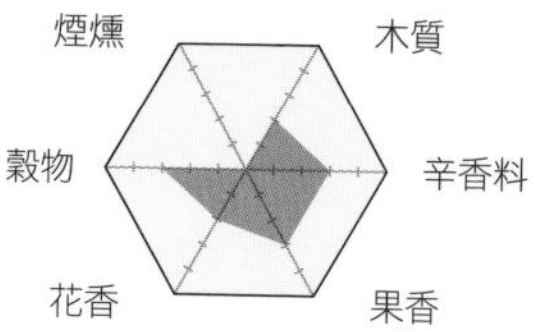

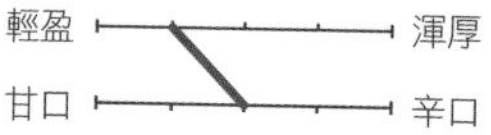

調性

加冰塊	★★★★☆
水割	★★★★☆
高球雞尾酒	★★★★☆

我的推薦！

好入口到不小心一杯接一杯

屬於一般等級的布什米爾，CP值卻非常高，尤其穀物與果實的香氣均衡格外優異，怎麼喝都喝不膩。另外也有巧克力、草本植物、蘋果的風味，帶著輕快的尾韻。

Other Variations

布什米爾黑樽愛爾蘭威士忌
使用以 Oloroso 老雪莉桶熟成的單一麥芽威士忌，口味濃醇並帶有雪莉酒香氣。　● 酒精：40%　● 容量：700ml

布什米爾單一麥芽威士忌 10 年
甜美帶點辛香料刺激的香氣，明顯展現了三次蒸餾的特性，還可充分品味到綿長的尾韻。
● 酒精：40%　● 容量：700ml

康尼馬拉

散發特殊存在感的愛爾蘭革命分子

愛爾蘭共和國／勞斯郡〔Connemara〕 單一麥芽威士忌

庫利蒸餾廠在 1987 年因為愛爾蘭共和國的國家政策而成立，這裡推出的酒款之中「最不像愛爾蘭風格」威士忌的就是「康尼馬拉」。話說回來，其實在 19 世紀左右的愛爾蘭威士忌也有使用「泥炭」（turf，原為草皮之意，在愛爾蘭英語中指泥煤炭）帶來的泥煤香氣，只是近期多以無泥煤為主流。然而，康尼馬拉尊崇過去的製作方式，使用燃燒泥煤烘乾的麥芽；此外，採取兩次蒸餾而非愛爾蘭傳統的三次蒸餾，可以享受到與一般愛爾蘭威士忌所不同的煙燻香氣。

康尼馬拉〔Connemara Original〕

酒精｜40%　容量｜700ml

香氣｜煙燻　柳橙　大麥麥芽
味道｜洋梨　乾草　香草

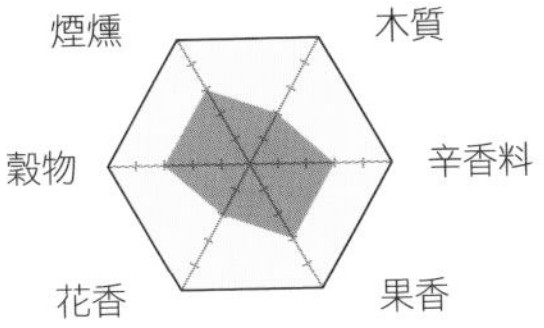

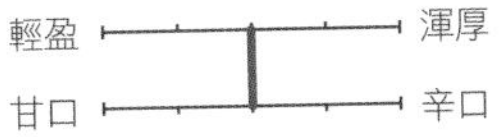

調性

加冰塊	★★★★★
水割	★★★★★
高球雞尾酒	★★★★★

我的推薦！

建議做成高球雞尾酒！

使用泥煤烘烤麥芽，進行兩次蒸餾後經過波本桶 4～8 年熟成，堪稱愛爾蘭威士忌中的異類。新鮮的水果香氣、土壤與泥煤。綠瓶呈現爽快的煙燻感、辛香料氣息。工作結束後的第一杯，最適合來杯康尼馬拉的高球雞尾酒！

基爾貝肯

邱吉爾也為之傾倒的風味

蘇愛爾蘭共和國／勞斯郡〔Kilbeggan〕 調和威士忌

愛爾蘭目前現存的蒸餾廠有四間，分別是布什米爾蒸餾廠、庫利蒸餾廠、新米爾頓蒸餾廠以及基爾貝肯蒸餾廠，1757 年取得蒸餾許可證的基爾貝肯，據聞連英國已故首相邱吉爾都是它的愛好者。

基爾貝肯〔Kilbeggan〕

酒精｜40%　容量｜700ml

香氣｜● 油脂　○ 柳橙　○ 穀物
味道｜● 杏桃　● 洋梨　● 肉桂

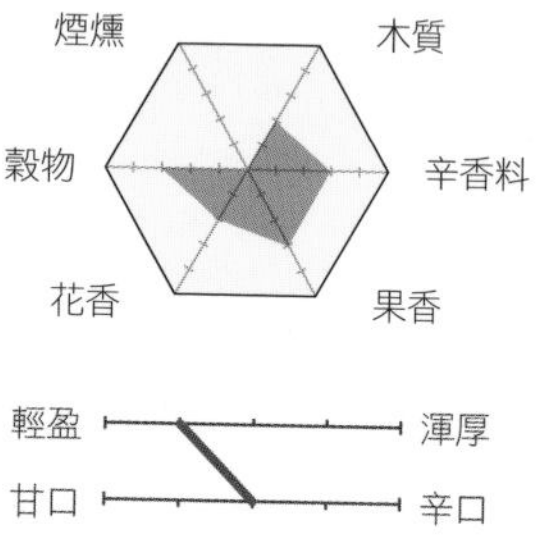

讓人感覺置身在草原的清爽香氣，以及像是奔跑的輕快口味。然而並不會有華而不實的輕浮印象，是正好當作日常酒的等級。如果用作派對的迎賓酒，別有一番品味。

蒂爾康奈

以獲得奇蹟似勝利的賽馬來命名

愛爾蘭共和國／勞斯郡〔Tyrconnell〕 單一麥芽威士忌

1876 年，蒸餾廠的經營者瓦特的賽馬「Tyrconnell」在愛爾蘭經典馬賽中出賽，而且竟然以 100 比 1 的賠率勝出。開心的瓦特便推出了紀念酒標的酒款，蒂爾康奈就是酒標上那匹馬的名字。

蒂爾康奈〔Tyrconell〕

酒精｜40%　容量｜700ml

香氣｜● 油脂　○ 香草　○ 穀物
味道｜○ 柳橙　● 杏桃　● 薑

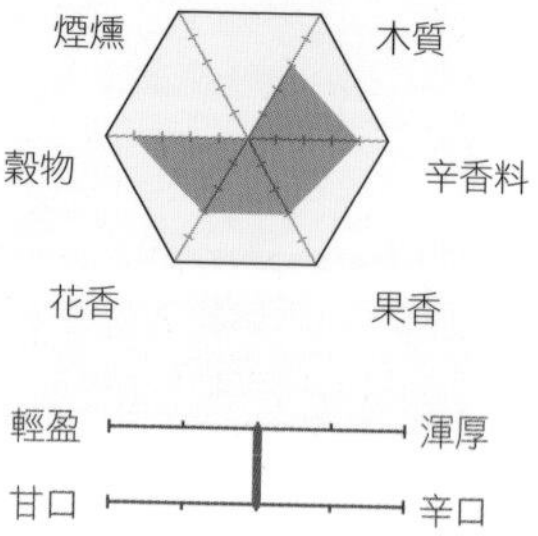

清新花香的前調，接著是洋梨、芒果、嫩草、柑橘、薄荷的香氣，麥芽香甜的風味以及舒服的微苦，溫暖且帶辛口感的尾韻。適合搭餐，一定要試試純飲。

綠點

愛爾蘭特有的蒸餾方式產生的豐富濃醇

愛爾蘭共和國／科克郡〔Green Spot〕　單一壺式蒸餾威士忌

喜愛愛爾蘭威士忌的人，想必都非常熟悉這個熱門品牌。將擁有全球最大蒸餾器的新米爾頓蒸餾廠（舊米爾頓蒸餾廠到1975年）的原酒，經過8年熟成製成。要特別留意的是，這是愛爾蘭獨特的「單一壺式蒸餾威士忌」。原料上選用發芽大麥及未發芽大麥，和輕快的調和愛爾蘭威士忌不同，帶有油脂及濃醇的口味。想要百分之百品嚐到這些特色，一定要以「neat」的方式享用——「neat」就是在英國說的「straight」，也就是純飲的意思。

綠點〔Green Spot〕

酒精｜40%　容量｜700ml

香氣｜杏桃　穀物　油脂
味道｜柳橙　肉桂　巧克力

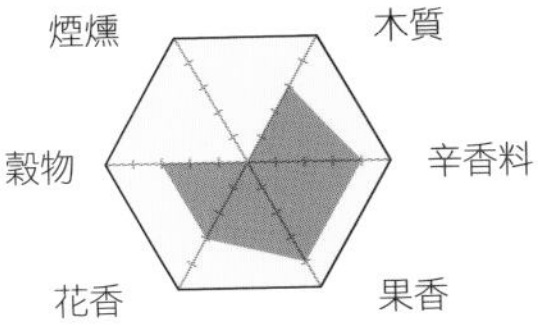

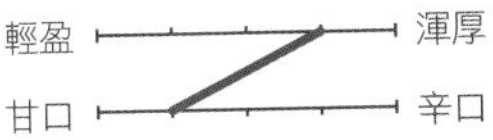

調性	
加冰塊	★★★★☆
水割	★★★☆☆
高球雞尾酒	★★★★☆

我的推薦！

一人獨酌也開心……

這是一款想要坐下來慢慢喝個兩杯、三杯的酒。入口帶點油脂感，一下子就能適應的口感，但不斷感受到雪莉酒、熱可可、乳酪、水果等各種不同香味複雜地在口中交錯，可以盡情地享受。

尊美醇

全球最多人喝的愛爾蘭威士忌經典款

愛爾蘭共和國／科克郡〔Jameson〕 調和威士忌

出貨量第一名的愛爾蘭威士忌「尊美醇」，是愛爾蘭威士忌歷史上占有一席之地的約翰·詹姆森（John Jameson）在 1780 年設立。不使用泥煤，以在密閉爐中慢慢烘乾的大麥為原料，經過三次蒸餾製成，豐富的香氣與順口滋味是最大特色，是一款濃縮了愛爾蘭威士忌風格的品牌。近年來愛爾蘭威士忌的市場迅速成長，引領風潮的尊美醇尤其在美國廣受歡迎。純飲也好喝，更推薦加入薑汁汽水，再擠點萊姆汁享用。

尊美醇愛爾蘭威士忌

〔Jameson Standard〕

酒精｜40%　**容量**｜700ml

香氣｜● 油脂　○ 香草　● 荔枝
味道｜○ 穀物　○ 柳橙　● 烤吐司

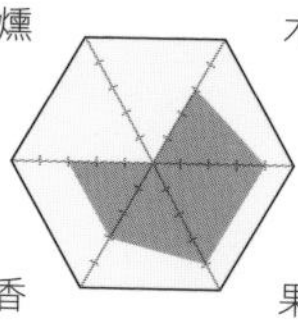

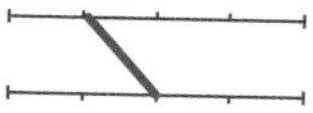

調性

加冰塊	★★★☆☆
水割	★★★☆☆
高球雞尾酒	★★★★☆

我的推薦！

俐落簡潔的舒適風味及喉韻

柔和的花香氣息，同時也感受到優雅的果實、嫩草、穀物、草本植物、牛奶糖一類的香氣。帶點堅果感的風味，還有香草、柳橙皮，滑順喉韻是一大特色，輕快的尾韻有辛口感。

Other Variations

尊美醇 Stout Edition
這是一款和當地的精釀啤酒廠 Eight D Brewing 的合作商品。
● 酒精：40%　● 容量：700ml

尊美醇 Black Barrel
在經過兩次燒烤「焦黑」的特別木桶中熟成。
● 酒精：40%　● 容量：700ml

米爾頓 VERY RARE

愛爾蘭威士忌的最高等級

愛爾蘭共和國／科克郡〔Midleton Very Rare〕 調和威士忌

代表愛爾蘭的米爾頓蒸餾廠推出了紅馥知更鳥、尊美醇等多個全球知名的品牌，但冠上酒廠之名的「米爾頓 Very Rare」可說是旗艦款。若有機會比較品飲酒標上不同裝瓶年度的酒款，也是一大樂趣。

米爾頓 Very Rare〔Midleton Very Rare〕

酒精｜40%　容量｜700ml

香氣｜○香草 ●堅果 ●辛香料
味道｜●餅乾 ●杏桃 ○穀物

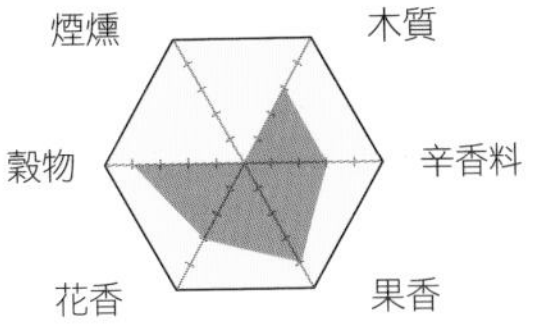

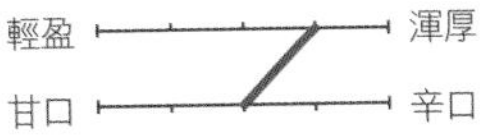

前調是飽滿的果香，接著陸續出現香草、杏仁、太妃糖、乾燥花、辛香料、橡木桶等香氣，滑順綿密的口感，甜美的穀物風味竄入鼻腔，非常推薦純飲。

紅馥知更鳥

獲得肯定的傳統愛爾蘭威士忌

愛爾蘭共和國／科克郡〔Redbreast〕 單一壺式蒸餾威士忌

Redbreast 指的是「胸部紅色的歐洲知更鳥」，在當地是家喻戶曉的鳥類。這款愛爾蘭傳統單一壺式蒸餾威士忌，使用未發芽大麥為原料。「15年」這款在2014年的WWA入選為「世界最佳壺式蒸餾威士忌」。

紅馥知更鳥 12 年

〔Redbreast 12 Years Old〕

酒精｜40%　容量｜700ml

香氣｜●油脂 ○白桃 ○穀物
味道｜●洋梨 ●芒果 ●辛香料

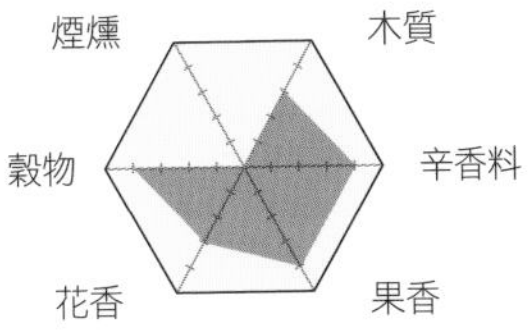

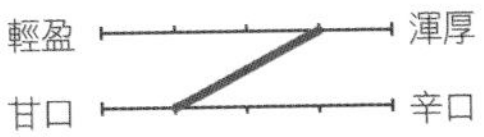

香草、橡木桶、雪莉酒等香氣複雜交錯，中間還混著甜香，加上油脂感滑順的口感，這些都是充分展現古典愛爾蘭製程的特色，是非常值得一試的餐後酒。

愛爾蘭之最

纖細且滑順，適合推薦給愛爾蘭威士忌入門者

愛爾蘭共和國／奧法利郡〔Tullamore Dew〕 調和威士忌

出貨量僅次於「尊美醇」的愛爾蘭威士忌，就是這款「愛爾蘭之最」。Tumamore 是愛爾蘭中部奧法利郡的一個小城鎮，「愛爾蘭之最」本來是由當地的「Tullamore 蒸餾廠」所製造，但 1950 年代因為這座酒廠關閉的關係，現在是由米爾頓蒸餾廠出產。此外，「Dew」在英文裡是「露水」的意思，也有一說是因為過去的經營者名叫 Daniel E. Williams，而取字首「DEW」，口味纖細、滑順而且充滿麥感，是一款很適合推薦給愛爾蘭威士忌入門者的酒。

愛爾蘭之最〔Tullamore Dew〕

酒精｜40%　**容量**｜700ml

香氣｜● 油脂　◎ 杏桃　○ 穀物
味道｜○ 香草　● 荔枝　◎ 烤吐司

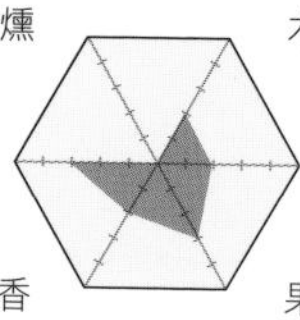

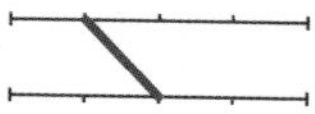

調性

加冰塊	★★★☆☆
水割	★★★☆☆
高球雞尾酒	★★★★☆

我的推薦！

愛爾蘭威士忌特有的油脂感為最大特色

香氣輕快，但最大的特色是豐富的穀物感及帶油脂感的酒質，比起其他品牌更能感受到愛爾蘭威士忌的特有風格。白無花果與熱帶水果的風味，尾韻也充滿油脂感。

天頂

為愛爾蘭威士忌注入新風潮

愛爾蘭共和國／都柏林地區〔Teeling〕　單一壺式蒸餾威士忌

愛爾蘭威士忌大廠庫利的社長傑克・蒂林（Jack Teeling）成立的裝瓶廠，也往蒸餾廠發展。2015 年落成的這間天頂酒廠，也是都柏林地區在暌違 125 年後首次新設的蒸餾廠，引起熱烈討論。

天頂單一壺式蒸餾威士忌

〔Teeling Single Pot Still〕

酒精｜46%　容量｜700ml

香氣｜● 油脂　◎ 蜂蜜　○ 香草
味道｜○ 穀物　◎ 荔枝　● 胡椒

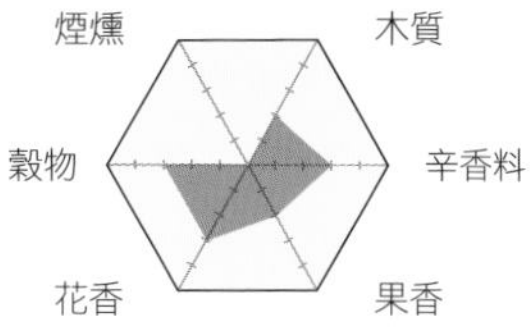

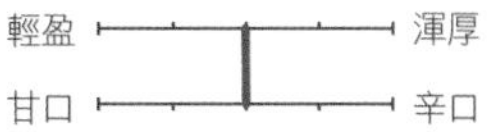

從嫩草、草本植物，淡淡的新酒感到紮實的麥感、荔枝、帶油脂的柳橙，尾韻是丁香和薄荷。雖然熟成不久帶點青澀，但豐潤的麥味仍讓人印象深刻。

沃特福

有機栽種的大麥帶來豐富風味

愛爾蘭共和國／沃特福郡〔Waterford〕　單一麥芽威士忌

2014 年創立於沃特福，在收購了以司陶特啤酒著名的健力士工廠之後，將原本的啤酒廠整修為蒸餾廠。講究每個農場的差異（風土），追求更加纖細且有深度的單一麥芽威士忌。

沃特福有機蓋亞 1.1

〔Waterford Organic Gaia 1.1〕

酒精｜50%　容量｜700ml

香氣｜○ 香草　◎ 餅乾　◎ 洋梨
味道｜◎ 大麥麥芽　◎ 薑　● 蘋果

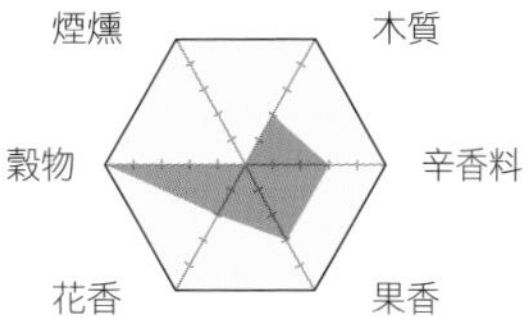

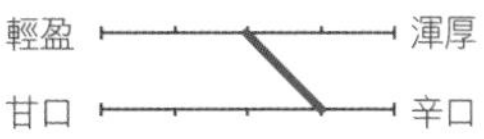

100%產自愛爾蘭、單一田園、100%有機栽種，對於風土極盡講究。柑橘、帶油脂感的蜂蜜、多汁飽滿的大麥，尾韻有些薄荷感及辛香料的刺激。靜觀以蒸餾熟成酒來呈現風土的偉大實驗結果。

美國與加拿大威士忌的歷史

以各種穀物為原料，個性豐富的威士忌

移民到美國的蘇格蘭人和愛爾蘭人，開始製作起美國威士忌，其中最具代表性的就是波本威士忌。合眾國獨立之後，威士忌被課以重稅，許多製酒業者就遷移到內陸地區的肯塔基州或田納西州。由於這些地方都很適合栽種玉米，就發展出以玉米為原料來製作威士忌。

波本酒規定原料中要有51～79％的玉米（如果超過80％、且符合相關的橡木桶入桶規範，就稱為玉米威士忌），此外，要以連續式蒸餾器來蒸餾，並且熟成時必須使用內側已經烘烤到焦的新白橡木桶。這些條件會讓波本酒產生特殊的焦香與甜味，而且有更香醇且強勁的口味。熟成超過兩年以上的，就稱為純波本酒（Straight Bourbon）。此外，雖然也有以大麥為主的麥芽威士忌、以裸麥為主的裸麥威士忌，但都要在燒烤後的新木桶中熟成。

另一方面，在美國禁酒令時期（一九二〇～一九三三）產量大幅成長、建立起穩固地位的加拿大威士忌，主要以玉米、裸麥、大麥等穀物為原料，和美國威士忌同樣不使用泥煤，以連續式蒸餾器來蒸餾。貯藏熟成可在燒烤過的新桶或二手桶中進行，但一定要在國內熟成超過三年，才能稱為加拿大威士忌。此外，在加拿大會將以玉米為主體的原酒稱為「基礎威士忌（Base Whisky）」，而將麥類原酒稱為「調味威士忌（Flavoring Whisky）」，通常會以前者八～九成，後者一成左右的比例來調和。和波本威士忌相較之下，輕快的口味也很吸引人。

▲ 位於美國愛荷華州的坦伯頓（Templeton）蒸餾廠。

了解美國威士忌必喝這六款

美國威士忌會使用玉米、大麥麥芽、小麥和裸麥等，各式各樣的穀物作為原料。而在市面上看到的美國威士忌，幾乎都是以玉米為主要原料的波本威士忌，或是以裸麥為主要原料的裸麥威士忌，以下精選出六款，立刻感受美國威士忌的特色。

酒精濃度
45%

先試這款！

Bourbon Whiskey

美格（MAKER'S MARK）

來自小麥的溫和口感

美國法律規定，波本的原料中必須有超過 51%的玉米，但美格的特色就是用小麥作為第二種穀物製作，能感受到來自小麥的溫和口感與香甜，以及新桶帶來的香草、蜂蜜風味。

酒精濃度
40%

Bourbon Whiskey

四玫瑰（FOUR ROSES）黑標

味道澄淨的日本限定商品

「黑標」是限定日本販售的商品，以玉米、大麥麥芽、裸麥為原料。味道上沒那麼狂野，反而很「乾淨」，讓人不禁好奇很可能是來自 Kirin 獨家酵母的影響。酒質與來自新桶的風味充分融合，呈現出比例良好的味道。

酒精濃度
45.5%

Bourbon Whiskey

野火雞 13 年酒廠限定

散發著高雅氣息的 13 年熟成款

原料除了玉米之外，還有大麥麥芽和裸麥。在新桶內側進行最強度的燒烤，稱為「鱷魚皮級（Alligator Char）」。有來自木桶的甜味及烤吐司的焦香，但在波本威士忌之中屬於長期熟成的 13 年款，比起 8 年熟成的感覺更加高雅。

酒精濃度

50%

Bourbon Whiskey

留名溪（KNOB CREEK）

最後介紹！

香氣撲鼻、結構紮實的波本威士忌

留名溪有許多長期死忠的愛好者，這是一款就連波本威士忌之中都讓人聯想到特別倔強的男性。9年熟成，加上酒精濃度高達50%，有一股帶點刺激的撲鼻香草、焦糖香氣，加上淡淡的堅果氣息。另外推薦同系列且酒精濃度更高的60%「單一波本威士忌」。

酒精濃度

45%

Bourbon Whiskey

巴頓（BLANTON'S）

豐富香味的單一桶

從一只木桶中直接裝瓶的威士忌，稱為「單一桶」。巴頓是單一桶的先驅，無論在日本或美國本土，都非常受歡迎，可以感受到出桶特有的香草與蜂蜜豐潤多層次的甜味。

享受新桶熟成帶來的香氣與原酒的協奏曲

根據美國的法律，除了玉米威士忌之外，規定都要使用內側烤焦的橡木新桶熟成。新桶對風味的影響非常大，會帶來類似香草、蜂蜜、柳橙、焦糖的香味，除了會有美國威士忌特有的甜味，還會視木桶燒烤的程度增添單寧、辛香料的氣息，以及焦香味。請細細品味不同穀物原料的原酒特色，加上來自新桶風味兩者間譜出的協奏曲。

酒精濃度

45.75%

Rye Whiskey

坦伯頓裸麥4年

裸麥比例超過九成的草本口味

「裸麥威士忌」是使用原料中超過51%為裸麥的美國威士忌，但這款用了九成以上的裸麥。重烘烤過的新木桶帶來焦糖的焦香風味，和裸麥威士忌獨特的草本辛口感相當契合。

野牛仙蹤

蘊含著拓荒者的先鋒精神

美國／肯塔基州〔Buffalo Trace〕 波本威士忌

「野牛仙蹤」這個名稱的由來，是因為酒廠的地點是過去野生水牛經過的路線。這家蒸餾廠在禁酒令時代，是以醫療用品目的而獲得製作威士忌的許可。

野牛仙蹤〔Buffalo Trace〕

酒精｜45%　**容量**｜750ml

香氣｜○香草　○蜂蜜　●薑
味道｜○柳橙　●薄荷　●肉桂

輕快的水果氣息，接著陸續出現洋梨、白無花果、檸檬皮、棗子等香氣，還有淡淡的海水味。柔和卻複雜的風味，帶點微苦的甜可可喉韻，散發堅果感的尾韻。

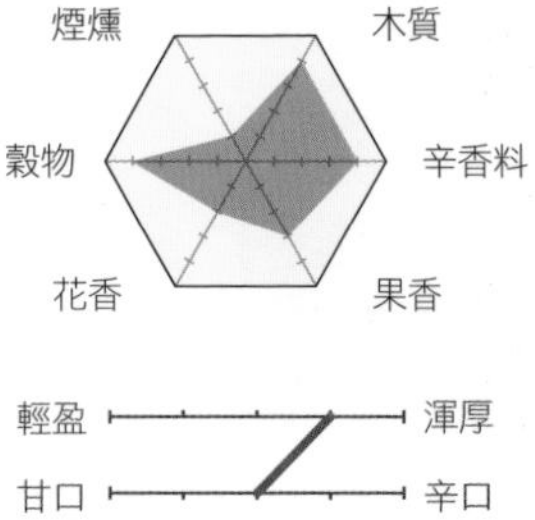

巴頓

擁有「王道」口味的頂級波本威士忌

美國／肯塔基州〔Blanton's〕 波本威士忌

巴頓誕生於 1984 年，為了紀念波本威士忌聖地「肯塔基州州府——法蘭克福」成立兩百週年；命名的緣由，是來自波本威士忌製作大師亞伯特．布蘭登（Albert Blanton）上校。

巴頓〔Blanton's〕

酒精｜46.5%　**容量**｜750ml

香氣｜●杏仁　●肉桂　○柳橙
味道｜●櫻桃　○香草　○玫瑰

小批量產波本威士忌的先驅，創造波本威士忌的高級感。充滿品味且俐落的風味，十分平衡，果乾與肉桂的香氣，還帶有恰到好處的辛香料刺激感。

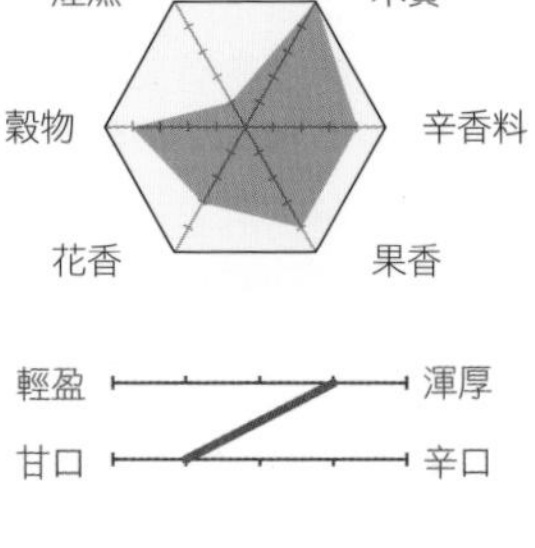

錢櫃

以最初製作波本威士忌的牧師來命名

美國／肯塔基州〔Elijah Craig〕　波本威士忌

錢櫃的命名來自肯塔基州拓荒時代的一位牧師伊利亞·克雷格（Elijah Craig），據說他是首位製作波本威士忌的人，有「波本威士忌之父」的稱號。這個品牌從規劃到推出商品，共花費 25 年的歲月。

錢櫃小批次波本威士忌

〔Elijah Craig Small Batch〕

酒精｜47%　**容量**｜750ml

香氣｜○蜂蜜　●牛奶熱可可　◎肉桂
味道｜○香草　◎李子　◎楓糖漿

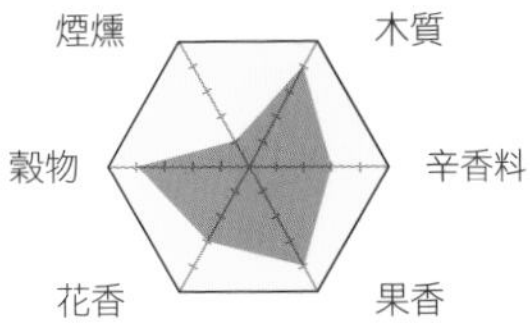

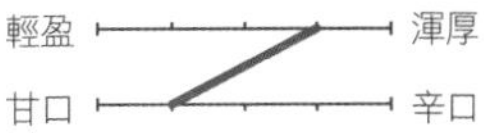

波本威士忌界的巨擘 Heaven Hill 中引以為傲的作品，有非常穩定的支持族群。令人聯想到紅糖、焦糖的甜香。嗜甜者可以嘗試純飲，想多喝幾杯的話就加冰塊飲用。

伊凡威廉

號稱全球銷售量第二的名牌波本威士忌

美國／肯塔基州〔Evan Williams〕　波本威士忌

伊凡·威廉於 1783 年在肯塔基州的路易維爾（ Louisville）發現了從石灰岩層湧出的泉水，並首先以玉米作為原料製作出威士忌，這個品牌就是以他來命名。此款威士忌的特色，是強勁有力的口味。

伊凡威廉 12 年

〔Evan Williams 12 Years Old〕

酒精｜50.5%　**容量**｜750ml

香氣｜○香草　◎鬆餅　●黑糖
味道｜○蜂蜜　◎薄荷　○蘭姆酒葡萄乾

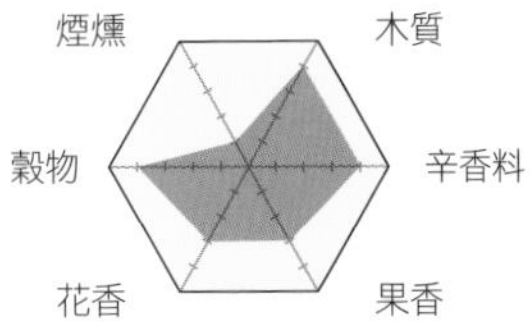

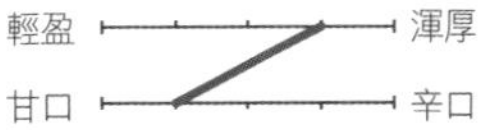

帶有花香的蜂蜜、溫潤絲滑、熱蘋果派、榛果、淋上楓糖漿的覆盆子塔。姿態優雅，口感圓潤滑順，紮實的濃醇感，喝了心曠神怡。

布魯克

肯塔基州最優秀的小蒸餾廠

美國／肯塔基州〔Ezra Brooks〕 波本威士忌

在 1950 年代成立的酒廠，於 1966 年獲得美國政府稱讚為「肯塔基州最優秀的小蒸餾廠」，隨後歷經倒閉、關廠後被收購，幸而繼續留有柔順口味及酒質芳醇的特色。

布魯克黑標〔Ezra Brooks Black〕

酒精｜45%　容量｜750ml

香氣｜● 薑　● 肉桂　● 裸麥麵包

味道｜● 木材　● 杏仁　○ 香草

在內側烤焦的白橡木新桶裡熟成超過 4 年，特色是豐潤的香氣與溫和口感。

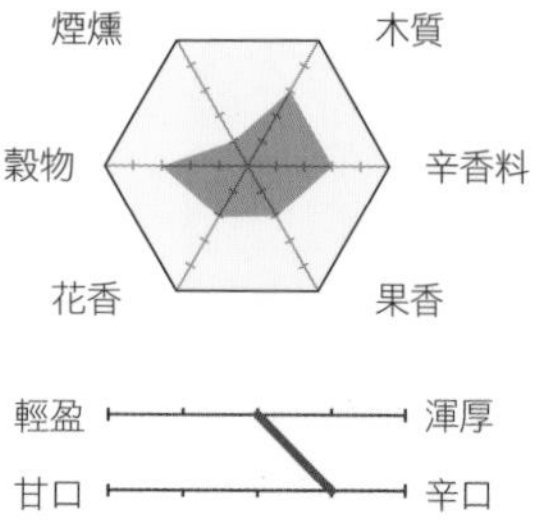

I. W. HARPER

從木質香氣、柑橘類，轉變為巧克力的香氣

美國／肯德基州〔I. W. HARPER〕 波本威士忌

1870 年代自德國移民到美國的艾薩克・沃夫・伯恩海姆（Isaac Wolfe Bernheim）打造了「I. W. HARPER」，名稱的來源是他自己名字的縮寫「I. W.」加上好友法蘭克・哈波（Frank Harper）的姓氏組合而成。特色是高雅的甜味與濃醇口味，可以品味到香氣變化。

I. W. HARPER12 年

〔I. W. HARPER 12 Years Old〕

酒精｜43%　容量｜750ml

香氣｜● 蘋果派　○ 香草　● 烤吐司

味道｜○ 蜂蜜　● 李子　○ 橘子醬

在特殊醒酒瓶中熟成 12 年的頂級波本威士忌，有著長期熟成的圓潤口味。香草、焦糖等芳醇香氣，與平衡十足的柔和順口味道，相當迷人。

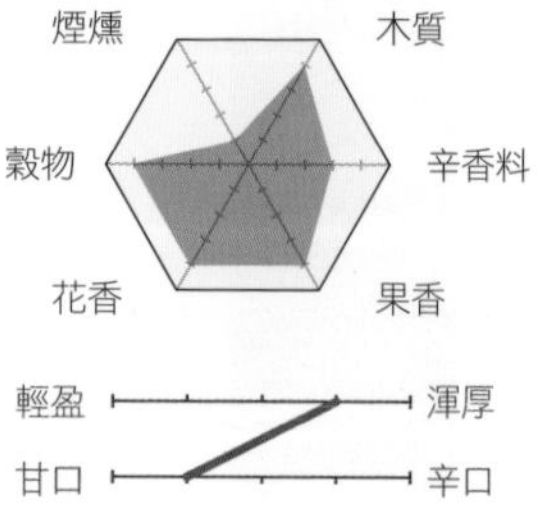

四玫瑰

關於四朵玫瑰的愛情故事

美國／肯塔基州〔Four Roses〕 波本威士忌

1888年問世後，「四玫瑰」就一直以散發玫瑰香氣為特色，成為大眾喜愛的波本威士忌。創辦人小保羅·瓊斯（Paul Jones, Jr.）某日邂逅了一位絕世美女，一見鍾情的他馬上向對方求婚。女方最後出現在兩人約定的舞會上，並於禮服胸口別上了四朵紅玫瑰胸花，代表接受瓊斯的求婚。愛情開花結果的美好片刻，這段佳話日後也成了「四玫瑰」的命名由來，並於酒標上設計四朵豔紅玫瑰。走都會幹練風格的四玫瑰，最大特色就是融合科學與經驗的細緻威士忌製程，追求堅持的好品質。

四玫瑰〔Four Roses〕

酒精｜40%　容量｜700ml

香氣｜○香草　○花香　○蜂蜜
味道｜●櫻桃　●薑　●薄荷

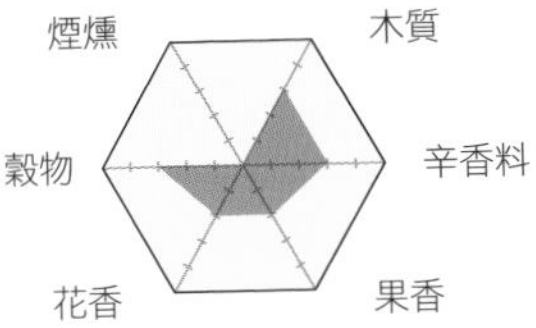

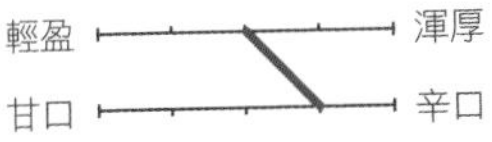

調性	
加冰塊	★★★☆☆
水割	★★★★☆
高球雞尾酒	★★★★★

混合了10種多樣化香氣的原酒

對於原料、酵母以及技巧都很講究的個性化波本威士忌。由帶有花香、無花果、肉桂、草本植物類等各種不同香氣的10種原酒，以絕妙的平衡調製而成。讓人聯想到花朵與果實的香氣，柔順口味是這款酒最迷人之處。加入蘇打水、薑汁汽水一起喝也不錯。

Other Variations

四玫瑰黑標（日本限定）
● 酒精：40%　● 容量：700ml

四玫瑰白金
● 酒精：43%　● 容量：730ml

四玫瑰單一桶
● 酒精：50%　● 容量：750ml

傑克丹尼

芳醇、圓潤且風味均衡的威士忌

美國／田納西州〔Jack Daniel's〕 田納西威士忌

傑克丹尼蒸餾廠製作的田納西威士忌，製程從創業以來，就維持花費長時間一滴一滴過濾的糖楓木炭過濾法（charcoal mellowing），超過百年未曾改變，至今仍持續製作芳醇、圓潤且風味均衡的威士忌。

傑克丹尼黑標〔Jack Daniel's Black〕

酒精｜40%　　容量｜700ml

香氣｜● 楓糖漿　● 核桃　○ 香草

味道｜● 焦糖　○ 柳橙皮　● 肉桂

和波本威士忌屬於不同等級的「田納西威士忌」，是代表美國的頂級威士忌。香草、焦糖等芳醇的香氣，圓潤且均衡的柔和口味，是最大的魅力。

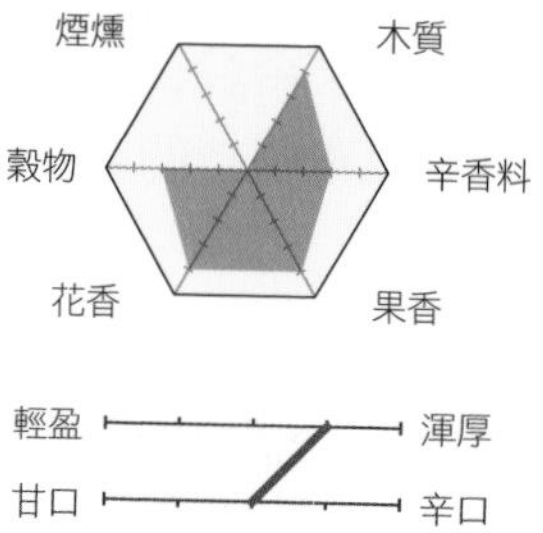

金賓

銷售遍布全球 120 多個國家、銷量最高的波本威士忌

美國／肯塔基州〔Jim Beam〕 波本威士忌

1795 年創業至今，已超過 200 年的歷史，目前蒸餾廠的負責人是 Beam 家族的第七代。以家族相傳的方法製作獨特的口味，加上培育出非常多技術人員，可說金賓的歷史等於波本威士忌的歷史也不為過。

金賓〔Jim Beam Blacklabel〕

酒精｜40%　　容量｜700ml

香氣｜● 杏仁　● 薄荷　○ 蜂蜜

味道｜● 青蘋果　● 無花果　○ 香草

芳醇的香氣，味道雖然紮實但口感柔順乾淨，優雅的後味綿長不絕。從推出時就堅持一貫的口味，是波本威士忌的正統派，特色就是香氣不會過度強烈，而帶有果味。

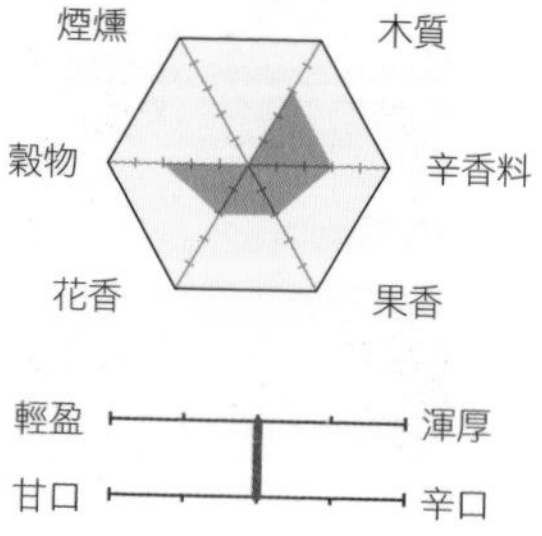

留名溪

以仿水壺的瓶身設計紀念過去的禁酒令時代

美國／肯塔基州〔Knob Creek〕 波本威士忌

名稱來自美國第 16 任總統林肯童年時期常去的肯塔基州小溪，特色是濃郁的口味，讓人想到傳統的波本威士忌。酒瓶瓶身的外型，是仿效過去在禁酒令時期躲避當局查緝而設計成水壺的形狀。

留名溪〔Knob Creek〕

酒精｜50%　容量｜750ml

香氣｜黑醋栗　黑糖麵包　肉桂

味道｜覆盆子　楓糖漿　丁香

塗了黑糖蜜的裸麥麵包、奶油爆米花、核桃、紮實的酸味、濃郁的櫻桃及香草風味，然後是溫暖的木質調口感。強韌、粗獷且飽滿的酒體，推薦給喜歡強勁波本威士忌的人。

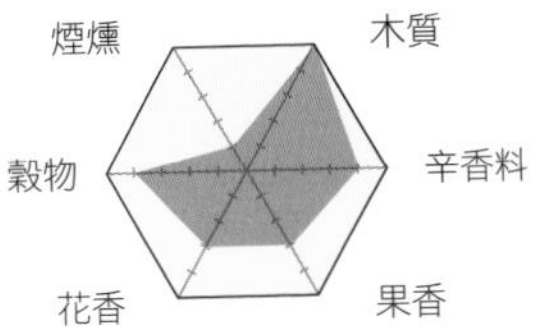

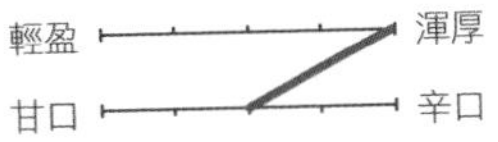

老烏鴉

日本名演員松田優作也喜愛的好酒

美國／肯塔基州〔Old Crow〕 波本威士忌

1835 年由詹姆斯・克勞（James C. Crow）創辦的蒸餾廠，現在則由 Beam Suntory 公司接手製作、銷售，推出的是古典派的波本威士忌。此外，這是首先採用「酸醪（sour mash）製法」的酒廠，這種方式已成了波本威士忌製程的基礎。

老烏鴉〔Old Crow〕

酒精｜40%　容量｜700ml

香氣｜核桃　花香　杏桃

味道｜葡萄　香草　蜂蜜

輕柔的香草香氣、剛出爐的麵包、萊姆橘子醬、薄荷、杏桃，加上丁香的辛香感苦味，各種風味相當平衡。用這款酒調製濃一點的高球雞尾酒，會有一種讓人想一杯接一杯的魔力。

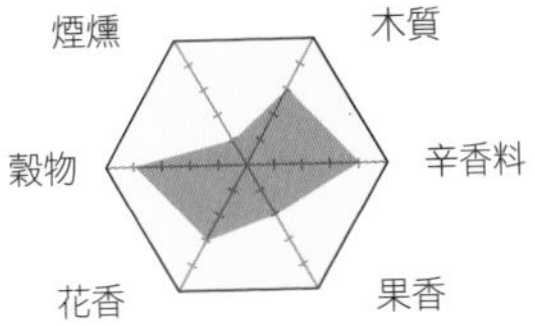

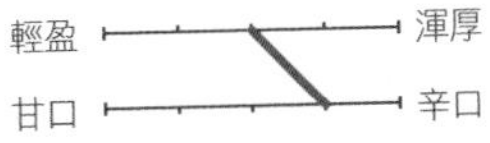

坦伯頓裸麥

裸麥高達原料的九成！

美國／愛荷華州〔Templeton Rye〕 裸麥威士忌

原料中使用超過 51％的裸麥，就稱裸麥威士忌，這間酒廠卻使用了九成以上的裸麥。過去是在印第安那州的 MGP 公司蒸餾，但在 2018 年愛荷華州誕生了新的「坦伯頓裸麥蒸餾廠」。

坦伯頓裸麥 4 年

〔Templeton Rye Aged 4 Years〕

酒精｜40%　容量｜750ml

香氣｜杏桃　肉桂　蜂蜜

味道｜蘭姆酒葡萄乾　堇菜　烤吐司

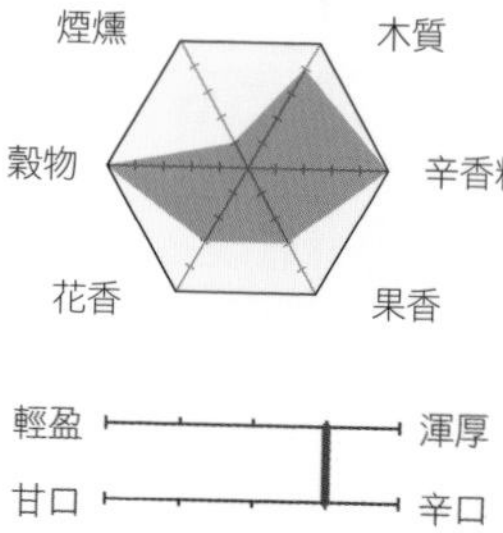

擁有熟成花香風味，與內含複雜的草本及辛口感，柳橙皮、黑醋栗，洋茴香和丁香一類的辛辣感更加突顯出口味。是一款以壺式蒸餾器悉心製作出極高品質的裸麥威士忌。

諾亞磨坊

小批量產才有的高品質口味

美國／肯塔基州〔Noah's Mill〕 波本威士忌

肯塔基州巴茲敦（Bardstown）分布了多個蒸餾廠，而規模最小、由家族經營的就是這間肯塔基波本蒸餾廠（Kentucky Bourbon Distillers），使用自家原酒經過熟成後出貨。

諾亞磨坊〔Noah's Mill〕

酒精｜57.15%　容量｜750ml

香氣｜裸麥麵包　可可豆　肉桂

味道｜柳橙　薄荷　丁香

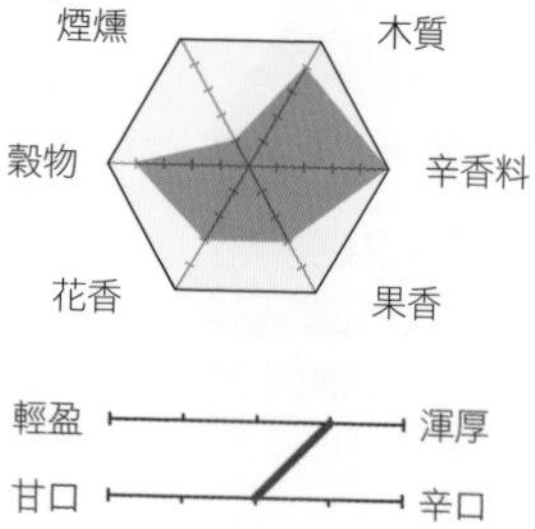

飽滿的辛香料、胡椒、肉桂、洋茴香氣味，淡淡的堇菜氣息，然後是美國櫻桃、覆盆子派以及冷卻的可可，最後是強勁複雜的辛口感。給人無法忽視的深刻印象，就連蘇格蘭威士忌迷也會喜愛。

美格

金氏世界紀錄認證，現存最古老的波本蒸餾廠

美國／肯塔基州〔Maker's Mark〕 波本威士忌

從肯塔基州小蒸餾廠誕生，獨一無二的手工製作波本威士忌。品牌英文原名「Maker's Mark」就代表「製造者的印記」，瓶頸上作為商標的手工紅色封蠟，正是重視手工製造精神的象徵。

美格〔Maker's Mark〕

酒精｜45%　容量｜700ml

香氣｜○香草　○蜂蜜　●烤吐司
味道｜●肉桂　○牛奶糖　○橘子醬

來自冬季小麥飽滿且如絲綢般滑順的口味，纖細豐潤的甜味與焦香，都是特色。琥珀色的酒色，就像蜂蜜一樣。柳橙、蜂蜜、香草等香氣迷人，最後留下溫柔細緻的尾韻。

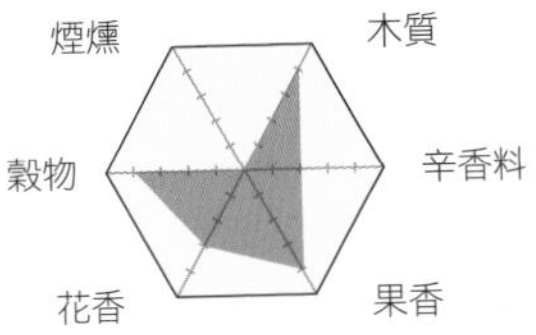

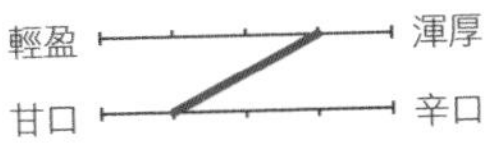

渥福

肯塔基賽馬節官方指定波本威士忌*

美國／肯塔基州〔Woodford Reserve〕 波本威士忌

肯塔基州最古老的蒸餾廠製作的「渥福」，是超高級小批次的波本威士忌。因為優異的品質及傳統口味，曾獲得多項獎項，各界給予極高評價。

渥福〔Woodford Reserve〕

酒精｜43%　容量｜750ml

香氣｜○香草　○柳橙　●可可豆
味道｜●葡萄乾　●裸麥麵包　●杏仁

在用石灰岩塊搭建的貯藏庫中長期熟成的波本威士忌，異於一般的圓潤口味是最大特色。

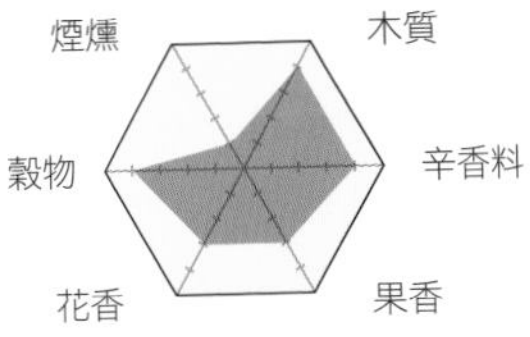

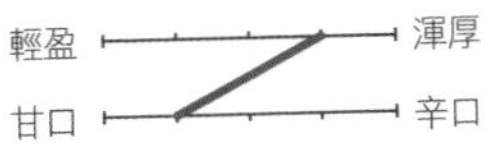

*肯塔基賽馬節為「肯塔基德比」（Kentucky Derby）。

野火雞

打獵時誕生的傳奇品牌

美國／肯塔基州〔Wild Turkey〕 波本威士忌

野火雞蒸餾廠的起源，是來自 1869 年湯瑪斯・瑞皮（Thomas Ripy）創辦的瑞皮蒸餾廠。在 1855 年成立的奧斯丁・尼可拉斯公司（Austin Nichols）打造了後來的野火雞蒸餾廠，開始製作威士忌。1893 年，在芝加哥舉辦的世界大賽中獲選為代表肯塔基州的波本威士忌。至於「野火雞」的品牌名稱，則是 1940 年尼可拉斯社長在當時出門獵火雞時，隨身攜帶了自家公司製作 50.5%的熟成 8 年波本威士忌。沒想到這瓶酒獲得其他友人極佳的評價，就以獵火雞這項知性活動為品牌命名為「野火雞」。

野火雞 8 年

〔Wild Turkey Aged 8 Years〕

酒精｜50.5%　容量｜700ml

香氣｜○香草 ●肉桂 ○蜂蜜

味道｜●櫻桃 ●丁香 ●榛果

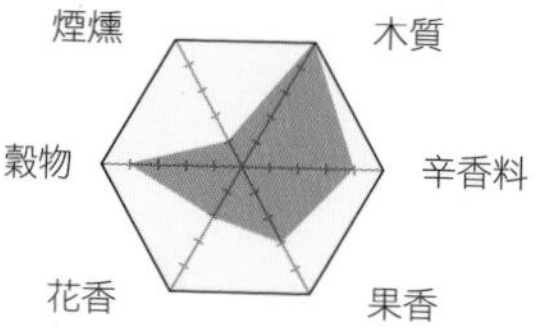

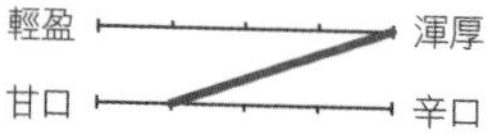

調性

加冰塊	★★★★★
水割	★★★☆☆
高球雞尾酒	★★★★☆

散發甜香，風味十足的正統波本威士忌

酒精濃度高，味道渾厚，感受得到甜味與濃醇之間細微的平衡感。由於裝瓶時的加水量較少，能充分感受到來自裸麥的辛香料刺激感與深層的香草香氣。

Other Variations

- 野火雞 13 年 ●酒精：45.5% ●容量：700ml
- 野火雞裸麥 ●酒精：40.5% ●容量：700ml
- 野火雞尊釀波本原酒 ●酒精：58.4% ●容量：700ml
- 野火雞美國甜心 ●酒精：35.5% ●容量：700ml

加拿大俱樂部

全球超過 150 個國家喜愛的
加拿大威士忌代名詞

加拿大／安大略省〔Canadian Club〕 加拿大威士忌

加拿大威士忌的特色，就是來自穀物的輕快與溫和口味。要說到加拿大威士忌的代名詞，非暱稱「CC」的「加拿大俱樂部」莫屬。為了在寒冬期間也能穩定熟成，貯藏庫全年設定在攝氏 18 ～ 19 度。

加拿大俱樂部 20 年

〔Canadian Club Aged 20 Years〕

酒精｜40%　容量｜750ml

香氣｜○香草　●堅果　●丁香
味道｜●蘋果　●葡萄乾　○穀物

深琥珀色，甜美華麗香氣與飽滿濃醇口感。使用清澈的水源，加上在優質橡木桶中熟成超過 20 年的極致口味，建議可做成高球雞尾酒（C.C.Highball）。

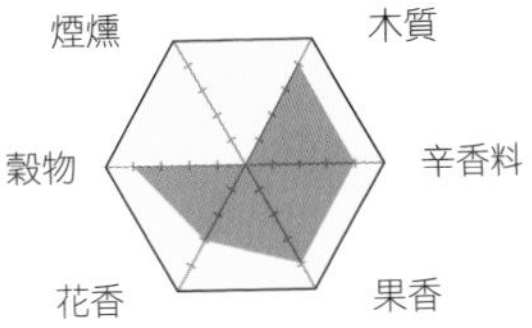

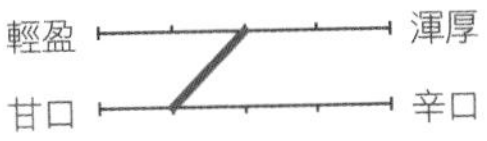

加拿大皇冠

仿效英國國王王冠的優美瓶身

加拿大／曼尼托巴省〔Crown Royal〕 加拿大威士忌

1939 年時，喬治六世以英國國王身分首次訪問加拿大，為了歡迎他而誕生的「加拿大皇冠」。蒸餾廠附近有豐富的穀類與清澈的水源，在得天獨厚的環境下製作的威士忌，堪稱全球第一的加拿大威士忌。

加拿大皇冠〔Crown Royal〕

酒精｜40%　容量｜750ml

香氣｜○香草　●餅乾　○穀物
味道｜○柳橙　●荔枝　●油脂

雖然富有個性卻很好入口，濃醇口感與香氣交織的絕妙滋味，的確是高貴又有品味的威士忌。

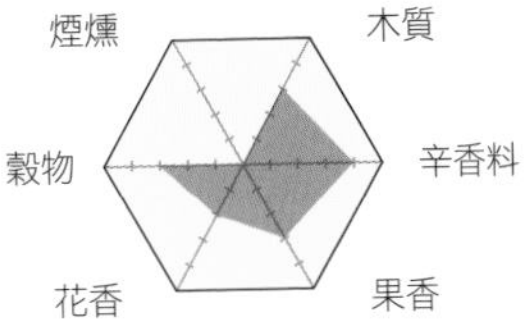

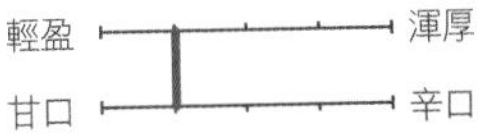

其他地區的威士忌

世界各地的威士忌生產趨勢

最後，讓我們來看看五大產地之外的其他各國威士忌。目前，東亞、印度、俄羅斯等新興國家也因為經濟發展，致使威士忌的需求迅速提高。

這些國家的生產動向也備受矚目，其中市場成長急起直追五大產地的，就是全球最大的威士忌消費國——印度。事實上，該國自過去在英國殖民地時代，就依照蘇格蘭威士忌的標準來製作威士忌，到了一九八五年首次生產自己本國的單一麥芽威士忌「雅沐特（Amrut）」。在吉姆．莫瑞撰寫的《威士忌聖經二〇一一》裡也獲得全球組第三名的好評。同樣地處熱帶地區的台灣，對蘇格蘭單一麥芽威士忌的消費量也是在全球名列前茅。以二〇〇五年成立的噶瑪蘭蒸餾廠為中心，澈底顛覆了熱帶地區不適合製作威士忌的既有觀念，推出高品質正統單一麥芽威士忌，並且獲得極高評價。此外，韓國在二〇二〇年也由三社蒸餾廠（Three Societies Distillery）推出首款本國產的單一麥芽威士忌。中國雲南省則與英國帝亞吉歐公司合作，正在打造因應中國市場的單一麥芽威士忌蒸餾廠。

▲ 噶瑪蘭酒廠內一樽樽等待熟成的威士忌。

▲ 位於台灣宜蘭縣員山鄉的噶瑪蘭酒廠。

那麼，在英國圈周圍之外的其他歐洲國家又是什麼狀況呢？

在義大利，二〇一〇年於接近瑞士國界的阿爾卑斯地區，成立了該國第一座威士忌蒸餾廠——PUNI distillery。坐擁優質高山水源、在當地採收的穀物，使用蘇格蘭製的壺式蒸餾器，製作出帶有泥煤香氣且甘美圓潤的義大利麥芽威士忌。

此外，在北歐的芬蘭則注意到該國大量生產的裸麥，二〇一四年一間專門生產裸麥威士忌的 **Kyrö** 蒸餾廠展開運作。僅使用充滿辛香料刺激感及風味強烈的芬蘭產裸麥，進行兩次蒸餾後，在美國白橡木新桶中熟成，產生與眾不同的全新口味。

▼2012 年由五名年輕人在芬蘭成立了 Kyrö Distillery Company。

噶瑪蘭

自蒸餾到熟成，全程都是 Made in Taiwan

台灣／宜蘭縣〔Kavalan〕　單一麥芽威士忌

2010年1月於蘇格蘭愛丁堡舉辦的一場全球威士忌品飲活動上，「KAVALAN」的名號嶄露頭角。該公司的作品超越了在場許多名號響噹噹的大酒廠，一舉成為「內行人才知道的」東方新銳品牌。噶瑪蘭誕生於2005年的台灣東北部的城市──宜蘭，反過來利用普遍認為不適合製作威士忌的亞熱帶氣候，建立起獨家製程，在2008年發表首款作品「噶瑪蘭經典」。之後還陸續發展出使用波本桶、雪莉桶、葡萄酒桶等各種木桶熟成，口味更多層次的單一麥芽威士忌。

噶瑪蘭金車頂極指揮

〔Kavalan King Car Conductor〕

酒精｜46%　**容量**｜700ml

香氣｜●堅果　●杏桃　○蜂蜜

味道｜●芒果　○白桃　●大麥麥芽

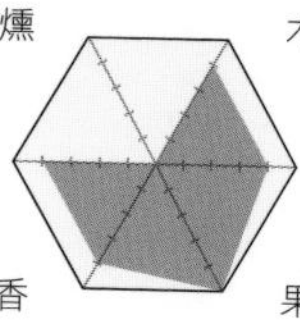

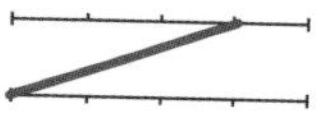

調性

加冰塊	★★★☆☆
水割	★★★☆☆
高球雞尾酒	★★★★☆

我的推薦！

令人陶醉的果實感，舒服的甜味

豐潤的木桶香、香草、蜂蜜、洋梨塔、乾燥桃花、淋上糖漿的蘋果、芒果糖漿、滑順的麥芽口感，然後是辛口感中帶著霧氣散去的橡木桶複雜風味，綿長不絕。迷人的果實感與木桶舒服的甜味，讓人印象深刻。

Other Variations

噶瑪蘭珍選 No.2

娓娓道出華麗感的果實風味，可以再次體會到美好的酒質。

●酒精：40%　●容量：700ml

噶瑪蘭經典獨奏 Oloroso 雪莉桶威士忌原酒

單一桶的雪莉酒獨奏，豐富果實與濃醇雪莉酒的風味。

●酒精：50～60%　●容量：700ml

OMAR

打出「琥珀心，台灣情」為理念的新生代

台灣／南投〔Omar〕 單一麥芽威士忌

在台灣唯一沒有面海的南投縣，位於海拔超過 3,000 公尺以上的地點，群山環繞的台灣菸酒公司．南投酒廠，自 2008 年起開始製作威士忌。善用高山特有的潔淨空氣與水源，堅守非冷凝過濾的高品質製作方式。

Omar 單一麥芽威士忌波本花香

〔Omar Bourbon Type〕

酒精｜46%　**容量**｜700ml

香氣｜肉桂　香草　蘋果
味道｜柑橘　大麥麥芽　青草香

香草、松樹、洋梨糖漿、薑餅、加了蜂蜜的柳橙茶以及柔和的杏桃甜味，帶有辛口及麥香的尾韻浮現後，久久不散，充滿華麗的果實風味。

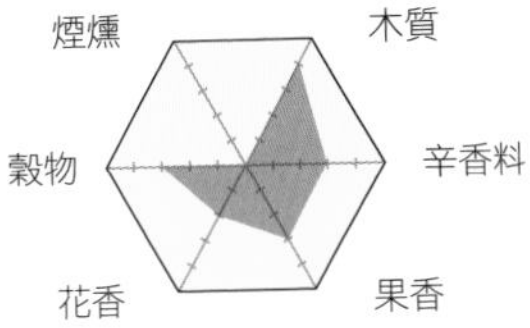

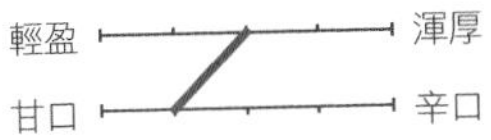

保羅約翰

引領當紅的印度單一麥芽威士忌

印度／果阿邦〔Paul John〕 單一麥芽威士忌

創業於 1992 年，在印度是第四大綜合酒類製造商的約翰保羅蒸餾公司，自 2012 年起在果阿邦開始製作威士忌。自艾雷島與東高地進口泥煤，在本國烤麥，沿襲正統的製程。

保羅約翰原桶強度精選

〔Paul John Classic〕

酒精｜55.2%　**容量**｜700ml

香氣｜大麥麥芽　辛香料　杏桃
味道｜柳橙　肉桂　葡萄乾

使用呈現圓潤口感的印度產六条大麥，以特製的銅質壺式蒸餾器進行蒸餾。在波本桶中熟成 7 年，襯托出宛如蜂蜜的芳醇口味與果香的單一麥芽威士忌。

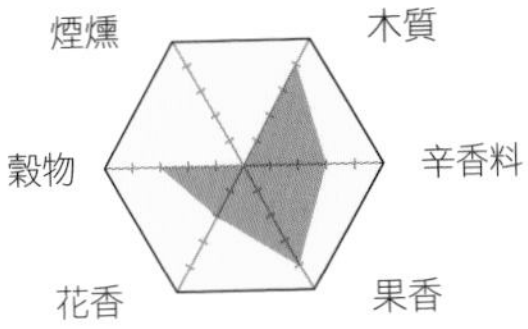

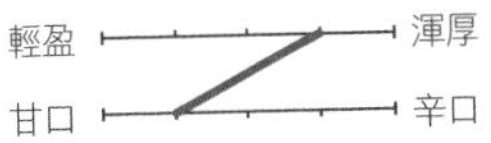

雅沐特

印度威士忌的先驅

印度／卡納塔克邦〔Amrut〕　單一麥芽威士忌

同時是全球最大的威士忌生產國與消費國的印度，最具代表性的蒸餾廠就是這一間。創業於印度獨立的隔年，在 1948 年時生產蘭姆酒及白蘭地，到了 1985 年開始製作威士忌，是印度第一間嘗試製作單一麥芽威士忌的酒廠。蒸餾廠位於印度南部的高地，海拔 920 公尺的班加羅爾（Bengaluru），運用當地氣候溫暖能加速熟成的特性，建立起獨創的製程。原料的麥芽使用印度產的六条大麥，不進行冷凝過濾，善用當地特質處處講究。新的蒸餾廠於 2019 年落成，未來的發展備受矚目。

雅沐特融合單一麥芽威士忌 50%

〔Amrut Fusion Single Malt Whisky〕

酒精｜50%　**容量**｜700ml

香氣｜杏桃　丁香　煙燻

味道｜柳橙　胡椒　大麥麥芽

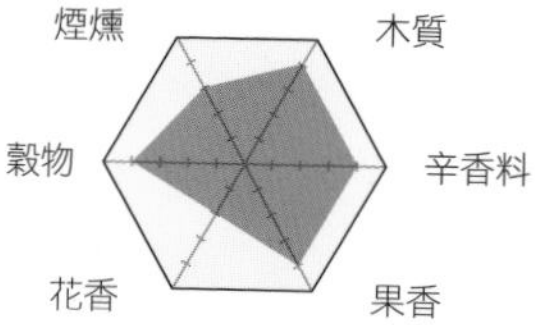

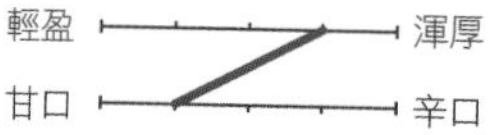

調性

加冰塊	★★★☆☆
水割	★★★☆☆
高球雞尾酒	★★★★☆

我的推薦！

辛香料之國的威士忌

引領印度威士忌的第一把交椅。首先，會感受到辛香料的刺激感與甜味，充滿厚實、油脂感，還有木桶的辛香料感。有股特殊的活力，不愧是每年因為 Angel's Share 會損失超過 10％的迅速熟成作品。

Other Variations

雅沐特「金典」單一麥芽威士忌 46%
在橡木桶中熟成，特色是洋甘草或輕輕燒烤的甜香。
● 酒精：46%　● 容量：700ml

雅沐特「三重奏」單一麥芽威士忌 50%
在蘭姆酒、雪莉酒、白蘭地三種木桶中熟成，有種讓人聯想到南方水果的味道。
● 酒精：50%　● 容量：700ml

琲立王

頂級莊園打造的優質法國威士忌

法國〔Bellevoye〕　三重麥威士忌

將阿爾薩斯、里爾、干邑地區這三座蒸餾廠的單一麥芽威士忌聚集到干邑的貯藏庫裡，放入曾釀造蘇玳葡萄酒或聖艾米利翁（Saint-Emilion）產區等級酒莊使用過的木桶，經過 12 個月的二次熟成，是值得注意、罕見的三重麥芽威士忌。

琲立王紅冠三重麥芽威士忌

〔Bellevoye〕

酒精｜43%　　容量｜700ml

由法國最頂級的葡萄酒相關人士集結國內的麥芽原酒，將法國的釀酒技術發揮到極致。來自聖艾米利翁葡萄酒桶的細緻紅色果實甜味，以及薑、柳橙皮的風味，是一款相當細緻且優雅的三重麥芽威士忌。

Puni

義大利第一也是唯一的威士忌蒸餾廠

義大利／特倫提諾－上阿迪傑大區〔Puni〕　義大利威士忌

這間由家族經營的威士忌蒸餾廠，在 2010 年誕生於與奧地利、瑞士國界附近的阿爾卑斯地區的小鎮。第一號作品在 2015 年 10 月推出，自此之後陸續發展出其他依循蘇格蘭傳統威士忌製程的作品。

Puni 金標

〔The Italian Malt Whisky Gold〕

酒精｜43%　　容量｜700ml

鳳梨、香蕉等香氣，還有來自首次桶的滑順香草、蜂蜜風味，接著口感從細緻的果實轉為粗獷的麥味，完全不會感到青澀。

高岸

由蘇格蘭威士忌界的傳奇人物操刀！

瑞典／西諾爾蘭省〔High Coast〕　單一麥芽威士忌

2010 年在世界遺產「高海岸」附近成立的蒸餾廠，找來了曾在拉弗格等蒸餾廠主導的約翰·麥克杜格爾（John MacDougall）擔任顧問，發展出採納蘇格蘭、日本等形式的產品線。

高岸 Alv〔High Coast Alv〕

酒精｜46%　容量｜700ml

香氣｜○香草　●洋梨　○穀物
味道｜●蘋果　●薄荷　●大麥麥芽

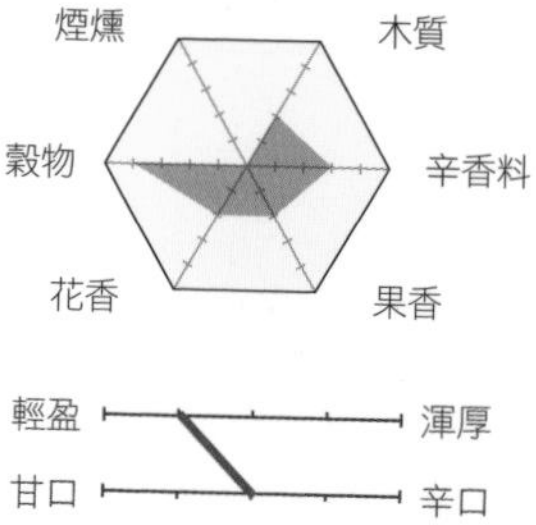

清新且輕快的香氣，然後蘋果、洋梨等舒服的水果香氣轉為香草、肉桂這類辛香料風味，含在嘴裡能感受到飽滿的麥芽風味，香氣之中的水果甜味持續，最後來自橡木桶的辛口尾韻綿延。

赫爾辛基威士忌

「熱情」孕育出極北之地的威士忌酒廠

芬蘭／赫爾辛基〔Helsinki Whiskey〕
單一麥芽威士忌

2013 年由三名威士忌愛好者成立，隔年在赫爾辛基開始運作，成為當地首間蒸餾廠。以芬蘭產的裸麥為主要原料，加上大麥、酵母等其他國內素材，生產裸麥威士忌以及 100% 裸麥威士忌。

赫爾辛基威士忌裸麥威士忌 #20

〔Helsinki Whiskey Rye Malt #20〕

酒精｜47.5%　容量｜500ml

香氣｜○香草　●李子　●植物
味道｜●焦糖　●胡椒　●熱可可

潮濕的葉片與清淨的森林空氣，帶點水潤水果與黑醋栗的氣息，然後立刻出現了丁香與肉桂的風味，最後留下溫暖尾韻。獨特的泥土植物感與來自新桶的活力風味，讓人印象深刻。在美國首次橡木桶中熟成 5 年，再移入波本桶過桶半年。

潘迪恩

打破長達一世紀空白後重新啟動

英國／威爾斯〔Penderyn〕　單一麥芽威士忌

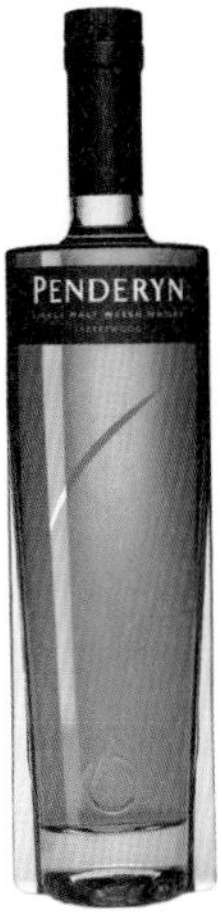

威爾斯在將近 100 年停止威士忌生產之後，於 1988 年再次誕生的唯一一座蒸餾廠。由單式蒸餾器與連續蒸餾器組合成獨門蒸餾器，所生產出的單一麥芽威士忌，特色是芳醇口感與香氣。

潘迪恩雪莉桶〔Penderyn Sheerywood〕

酒精｜46%　容量｜700ml

香氣｜● 蘋果　○ 香草　◎ 大麥麥芽
味道｜○ 柳橙　◎ 肉桂　● 胡椒

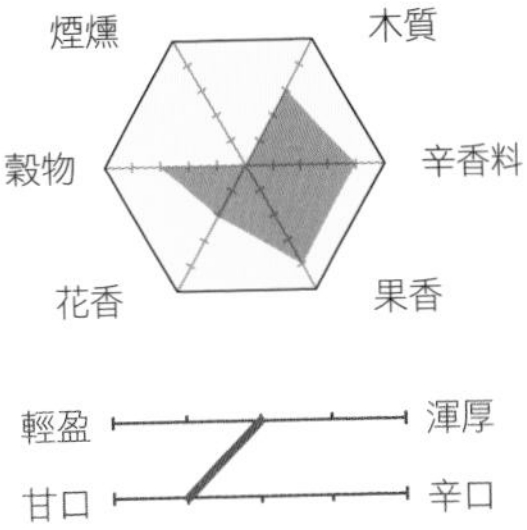

瓶身看來非常搶眼，但口味倒是中規中矩。由全世界獨一無二的蒸餾器生產出的原酒，先放入波本桶，再移到雪莉桶中過桶。帶有青蘋果、堅果等風味，各種風味透露出比較慢熟的民族性。

KYRÖ 麥芽威士忌

芬蘭首款單一批次裸麥威士忌

芬蘭／赫爾辛基〔Kyrö Malt〕　單一麥芽威士忌

芬蘭生產這麼多的裸麥，但為什麼沒有威士忌酒廠呢？抱持這個疑問的五名年輕人，在 2012 年成立了「Kyrö Distillery Company」，並在 2017 年推出首款裸麥單一麥芽威士忌。

Kyrö 裸麥威士忌〔Kyrö Malt Rye Whisky〕

酒精｜47.2%　容量｜500ml

香氣｜● 洋茴香　● 植物　◎ 黑醋栗
味道｜● 櫻桃　● 堅果　◎ 肉桂

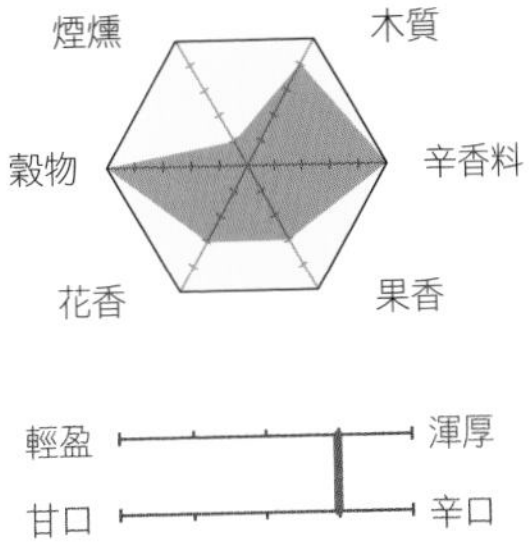

肉桂與洋茴香、深色水果，讓人聯想到寂靜的森林，來自木桶的華麗甜香，然後洋茴香、丁香等辛香料感再次襲來，最後留下舒服的尾韻。這是一款加了冰塊後，會很有節奏一杯接一杯暢飲的威士忌。

點燃威咖的蒐集欲：獨立裝瓶廠

無論在哪個領域，都有讓狂熱愛好者動心的品項。

以威士忌的世界來說，應該就是「獨立裝瓶款」了吧！在蘇格蘭單一麥芽威士忌的業界，分成「原廠裝瓶」以及「獨立裝瓶」。

原廠裝瓶，指的是由蒸餾廠或蒸餾廠的所屬公司商品化的威士忌。一切製程都受到管理，可以預期該酒廠設定的口味或特色，容易取得且品質穩定。

相對地，有些公司沒有自己的蒸餾廠，但會從其他酒廠購買整桶原酒，使用自家設備熟成、裝瓶，銷售。這種就稱為「獨立裝瓶業者」、「獨立裝瓶廠」，推出的商品則為「獨立裝瓶廠品牌」。

話說回來，在近年來威士忌熱潮的影響下，購買原酒也變得愈來愈困難，開始擁有蒸餾廠的獨立裝瓶廠也逐漸增加。姑且不論這些變化，要說獨立裝瓶廠品牌之所以讓愛好者心動，是因為熟成年分、酒精濃度、木桶種類等多樣化，品項非常豐富，甚至因為關閉等狀況無法取得的原廠裝瓶品項的蒸餾廠，也能有機會品嚐。此外，還有不少「原桶強度」（不為調整酒精濃度而加水）的商品，可以品味到更多麥芽威士忌的本色，因此受到歡迎。

高登麥克菲爾
【GORDON & MACPHAIL】

知名度第一！創業於1895年。從蘇格蘭埃爾金的一間高級熟食店起家，當時就與格蘭利威、史翠艾拉、麥卡倫、龍摩恩等著名蒸餾廠有很深的淵源。在獨立裝瓶廠業界中，他們也是很早開始用自家準備的木桶填裝原酒，用獨特的方式熟成，算是業界先驅。

威廉・凱德漢
【WILLIAM CADENHEAD'S】

1842 年成立，蘇格蘭歷史最悠久的裝瓶廠。和雲頂蒸餾廠屬於同一個集團，一直以來貫徹不進行焦糖調色、非冷凝過濾，以原桶強度作品為主。對於讓大眾了解裝瓶廠的特殊魅力，功不可沒。

道格拉斯蘭恩
【DOUGLAS LAING】

1948 年成立於格拉斯哥，以「Old & Rare Platinum」等酒款打出名號，卻在 2013 年分家。哥哥史都華另創獵人蘭恩，弟弟布萊德則接下新的道格拉斯蘭恩。

聖弗力
【SIGNATORY】

1988 年成立於愛丁堡，雖然歷史並不長，然而經常推出非常經濟實惠的酒款，廣受歡迎。所有酒款都是單一桶，還有少數桶混合後商品化，酒標上會註明木桶編號或是裝瓶編號。

THE WHISKY AGENCY

德國的新裝瓶廠。由眼光獨到且名氣頗盛的 Carsten Ehrlich 選桶，酒標也是聘請專業設計師來構思。

黑蛇裝瓶廠
【BLACKADDER INTERNATIONAL】

1995 年成立於薩塞克斯，以「木桶決定一切」為理念，就連木桶中的小木屑也會一起裝瓶。目前推出「RAW CASK」系列。

ELIXIR DISTILLERS

由 Speciality Drinks 旗下的裝瓶部門改名而成。

KINGSBURY

1989 年成立於蘇格蘭，陸續推出不少知名作品。

艾德菲
【ADELPHI】

原為蒸餾廠，但於 1906 年歇業，在 1993 年重新以裝瓶廠之姿復活。

AD 拉特瑞
【AD RATTRAY】

成立於 1868 年，最初是經銷商，後來以獨立裝瓶廠大獲成功。

貝瑞兄弟與洛德
【BERRY BROS & RUDD】

1698 年創立於倫敦，是英國歷史最悠久的葡萄酒和烈酒商。

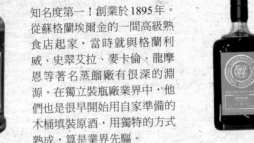

CHAPTER

06

威士忌的製程

威士忌是用什麼原料，又是怎麼製作呢？
在第一章曾簡單帶過，
現在讓我們更深入了解整個製程。

從發麥到裝瓶：生命之水的誕生

發麥・糖化

製作麥芽威士忌要從麥芽發芽開始，這項作業稱為「發麥」。作為原料的大麥含有澱粉，讓大麥發芽才能促進澱粉發酵，轉變為需要的糖分。

「生命之水」的關鍵，就是水

傳統的發麥方式是地板發麥，首先將大麥放入水槽浸泡，充分吸水後促進發芽。這個步驟中最重要的，就是蒸餾廠獨特的蒸餾用水。對威士忌而言，好水是必備要

▲ 傳統的地板發麥手法。

件，同時也是影響味道的關鍵。接下來將吸飽水分的大麥平鋪在地板上，用木鏟攪拌，促進發芽。發芽到某個程度之後，為避免過度發芽而進入烘乾麥芽的作業。把麥芽移到烘烤窯，再燒泥煤或煤炭用熱風來烘乾，這個過程中，泥煤的煙會讓蘇格蘭威士忌產生獨特的煙燻風味。目前有些蒸餾廠已經不自行進行發麥作業，普遍都委託稱為「Maltster」的專營業者。

烘乾麥芽磨碎之後，和加溫過的蒸餾用水一起投入糖化槽，進行「糖化」。水溫控制在60～65度C，藉由慢慢攪拌讓酵素作用下，澱粉質會逐漸轉變為麥芽糖。過濾後取出來的就是甜甜的「麥汁」。這裡的關鍵當然還是蒸餾用水，一般來說，使用礦物質較少的軟水蒸餾出來的酒，在口味上會更圓潤。

▲ 將磨碎的烘乾麥芽和加溫的蒸餾用水，一起投入糖化槽中混合。

▲ 格蘭傑蒸餾廠用水來自廠區內的「塔洛吉泉（Tarlogie Spring）」，富含礦物質，是蘇格蘭境內少數的硬水。

發酵・蒸餾

由糖化產生的麥汁，先冷卻到20度C左右後，放入具有很好保溫效果的巨大發酵槽（稱為「Wash Back」）進行發酵。傳統的發酵槽多半使用落葉松等木頭材質，現在則以不鏽鋼居多。

這時還要加入酵母，在發酵槽中繁殖乳酸菌等微生物，將麥汁裡含的糖分分解為酒精與二氧化碳。看到發酵槽裡開始冒出泡泡，持續發酵48～72小時後，就能得到酒精濃度7～8％的發酵液（Wash，酒醪）。每間蒸餾廠會有不同的多種酵母組合，產生獨特的味道與風味，此外，發酵時間、溫度、發酵槽的材質等，這些因素也會產生很大的影響。

▲ 稱為「Wash Back」的發酵槽。

以兩次蒸餾來濃縮

接下來就要進入最重要的工序——「蒸餾」。將完成發酵的「Wash」（酒醪）移入銅質的單式蒸餾器（Pot Still）中進行蒸餾。

相對於水的沸點100度C，酒精只有大約80度C。蒸餾的原理就是利用兩者沸點不同，在加熱酒醪時讓沸點較低的酒精與香氣成分先行汽化再冷凝，得到的液體就是無色透明的原酒（新酒，New Pot）。蒸餾通常會進行兩次（初餾、再餾），第一次蒸餾的酒精濃度會變成約3倍，也就是20％左右；第二次蒸餾會再濃縮到65～70％。第一次蒸餾使用的是酒汁蒸餾器（Wash Still），再蒸餾則使用烈酒蒸餾器（Spirit Still）。壺式蒸餾器還分成直頸型、鼓出型等，每個蒸餾廠使用的外型、大小都不同，因而產生不同的個性的香氣與味道。

▲ 麥汁在加入酵母後發酵。

▲ 樂加維林蒸餾廠的壺式蒸餾器。

貯藏熟成

剛蒸餾完成的原酒（New Pot）還是無色透明的液體，經過裝桶（Filling）在貯藏庫放上一段時日，也就是經過「貯藏熟成」之後，才會變成威士忌獨特迷人的琥珀色，而且香氣與味道會愈來愈深厚有層次。

目前威士忌業界在貯藏熟成上使用的木桶，有大約九成都是美國產的白橡木桶，其他也鮮少有使用歐洲產橡木桶，或是日本的水楢桶。美國桶原本是貯藏波本酒，歐洲桶多半用來貯藏雪莉酒；前者會用大火在內側燒烤（Charring）到焦黑，後者則是用小火慢慢烘烤（toasting），各有特色。各種不同木桶具備的特性，當然對於威士忌完成後的香氣、味道與色澤多少都有影響。此外，首次用來裝威士忌的木桶稱為「首次桶」，用首次桶貯藏的威士忌是愛好者之間最受歡迎的。

▲ 泰斯卡蒸餾廠內沉睡的熟成桶。

在木桶中一眠大一吋

至於熟成期間，有5年、10年、15年，甚至更久，各有不同，但如果冠上「蘇格蘭威士忌」的名號，至少就得經過3年熟成，其中也有經過幾年熟成之後，再移到其他木桶「過桶（Finish）」，增添新的風味。此外，也會因為氣候、地理條件（離海遠近）等而產生差異，一般來說，最適合熟成的地點要氣候冷涼、空氣清澈，並且保持適當濕度。

▲ 在富士御殿場蒸餾廠的 18 層貯藏庫裡，存放了 3 萬 5 千只木桶。

▲ 噶瑪蘭酒廠的木桶會經歷獨創的「S.T.R. 工藝」（刨桶、烘桶、燒桶）步驟。

▲ 調和室裡有大量原酒樣品，由多位調酒師來試飲。

混合・裝瓶

就算用同樣的手法蒸餾，並且在同樣的空間中貯藏熟成，威士忌最後喝起來也未必是同樣的口味與風味。因為貯藏的時間相當久，光是在設施內不同的貯藏地點（是否接近出入口、在櫃子上的第幾層等等）都會讓香氣產生很細微的差異。

接下來，將熟成階段結束的威士忌集合在一起，在大桶中進行混和（Vatting）。這項作業能讓整體口味均質化，確保商品的品質。此外，為了讓混合後的威士忌更一致，也會同時進行與熟成不同的融合（marriage）作業。

最後一道工序

經過這一連串的作業，終於來到最後階段的「裝瓶（Bottling）」。但是，在這之前要先經過冷凝過濾（Chill Filter），也就是將威士忌過濾，去除雜質，此外，除了部分例外的產品（原桶原酒強度或是單一桶等），還要加水調整。因為直接出品的酒精濃度會太高，必須添加蒸餾水等調整到大概40～46％。這些細緻的作業可說是考驗著生產者或是調酒師的技術。

至於需要特殊技術的裝瓶作業，以蘇格蘭威士忌來說，蒸餾廠幾乎都沒有自己的裝瓶部門，因此，多半會由位於格拉斯哥或是愛丁堡周邊的裝瓶專業工廠來裝瓶。

▼ 從超過 100 萬桶中精挑細選出原酒來調和而成的「響 17 年」。

特別
附錄

臺灣在地威士忌吧

・台北・

後院 L'arrière-cour 威士忌博物館

小後苑 Backyard Jr. ｜信義店 Xinyi

小後苑 Backyard Jr. ｜大直店 Dazhi

MOD Public Bar 摩得餐坊

The Malt 麥村

Le Fumoir 威士忌雪茄館

・基隆・

Alcohol 艾克猴

・嘉義・

O' my bar

後院 L'arrière-cour 威士忌博物館

地　　址
台北市大安區安和路二段23巷4號

營業時間
19:00-03:00

廚房供餐
19:00-01:00（週日、週一休）

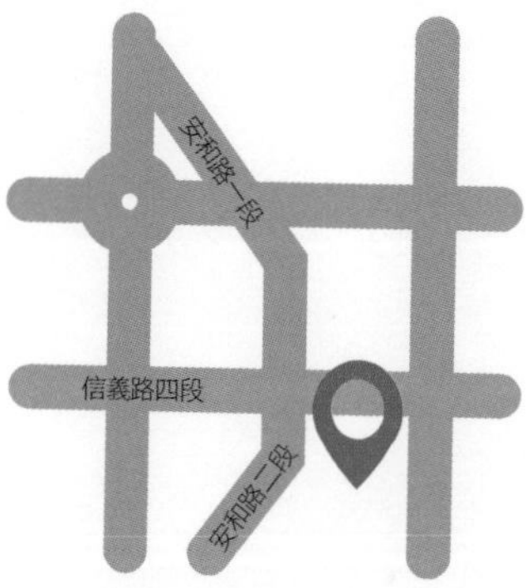

只要提到或搜尋威士忌酒吧的關鍵字，第一個跳出來的一定是後院體系的三間威士忌吧：後院 L'arrière-cour、小後苑 Backyard Jr. 信義店 Xinyi 和小後苑 Backyard Jr. 大直店 Dazhi。

經營者是蘇格蘭執杯大師、致力推廣威士忌生活化的林一峰老師。三間店皆有館藏豐富的單一麥芽威士忌、同時也提供種類豐富的葡萄酒品項選擇，對於餐酒搭配有別於其他酒吧的用心與堅持。

後院 L'arrière-cour 於二〇〇〇年開始營業，位於靜謐的安和路巷弄中。推開復古且低調的厚重大門，過去二十年間，後院用溫度服務城市內的品味人士、各方饕客，成為大家心中首屈一指的威士忌博物館。

無酒單是後院的特色，店內的威士忌侍酒師會依據客人提供的風味偏好和預算來推薦單杯或者整瓶的威士忌，品飲方式可以選擇加冰塊或者純飲，水割也是增加威士忌風味層次的一個好選擇。搭配令人吮指回味的臺菜料理、用溫度築起令人安心的巢，就像是你家後院，隨時都可以推了門就進來，享受回家的輕鬆悠閒，二十年以來始終如一。

後苑 Backyard Jr. 信義店 Xinyi 是後院體系的第二

家店，位於信義新天地A9，是全臺灣擁有最多藏酒的威士忌酒吧餐廳。利用台灣在地食材，創作法式風格的主廚 Tasting Menu，並從威士忌的選擇中，打造餐酒搭配的可能性。除了威士忌以外，年份雅馬邑白蘭地、法國卡奧區葡萄酒、獨家代理的精品香檳、林一峰老師親自挑選的蘭姆酒，也是後苑 Backyard Jr. 信義店 Xinyi 的亮點之一。不侷限在於威士忌，只要是品酒愛好者，都能在此找到屬於自己的一方天地。

小後苑 Backyard Jr. 大直店 Dazhi 座落於鬧中取靜的中山區，位在春大直商場的一樓。承襲後院的傳統，除了豐富的威士忌藏酒之外，汲飲繽紛的創意調飲以及林一峰老師精選的勃根地葡萄酒，更有獨家代理的香檳，提供熱愛酒類文化的朋友選擇。

綠意盎然的空間與日式禪意的料台，用台灣現流的魚料，展現欲將日式生食料理與酒類品飲結合的決心，像是身處都會叢林中的風味遊樂園。

不限於威士忌初學者或者是老饕級顧客，在後院體系專業的威士忌侍酒師帶領之下，想從單杯開始、整瓶飲用、垂直品飲乃至於用套組形式分析威士忌差異性，可以擁有多樣性的選擇，難怪只要提到威士忌吧，後院體系絕對是不斷回訪的口袋名單。

後院體系的三間店，每一處都是不同的風格與品味展現，酒與食的精心搭配，希望帶給大家不同層次、不同溫度的感官氛圍。將威士忌大方融入生活與飲食日常，滿足顧客踏足的每一次到訪。

小後苑 Backyard Jr.

| 信義店 Xinyi |

地　址
台北市信義區松壽路 9 號 3F
（信義新天地 A9）

營業時間
11：00～2：00

小後苑 Backyard Jr.

| 大直店 Dazhi |

地　址
台北市中山區樂群三路 311 號

營業時間
12：00～2：00

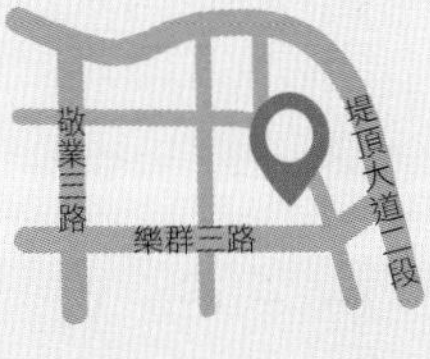

MOD Public Bar
摩得餐坊

地　址
台北市大安區仁愛路四段 345 巷 4 弄 40 號

營業時間
19:00 ～ 3:00
（週五、六至 4:00）

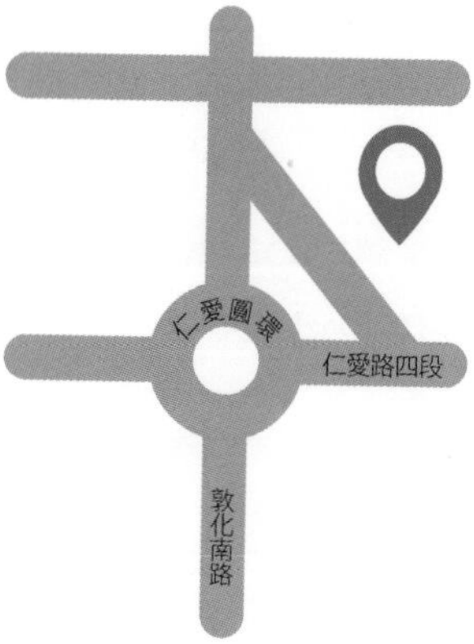

隱身在明曜百貨後方的住宅巷弄中，要不是有顯眼的摩得族（Mods）的精神標誌，三色藍白紅同心圓箭靶店招，第一次來訪的人很容易就會錯過。

自一九九五年立足於此的摩得MOD，初代人員曾在橫濱的酒吧工作，回台後引入大冰塊調製與日式調酒風格；經過歷代工作人員由冰磚以刀削成拳頭大小的鑽石型冰，進而到後來的手鑿圓冰——觀賞MOD吧檯內調酒師俐落切鑿冰球與調製的身影，搭配著店內播放的英式搖滾，成為客人來訪的樂趣之一。

酒單分為單杯和調酒，威士忌類則又再以地區和國家分類，店內藏酒以日本威士忌為大宗，當然，其他酒款也不會少；如果想喝不在酒單上的酒款，也可以問問調酒師的推薦。MOD呈現出一種彷彿在日本老牌cocktail bar的氛圍，下班之後順路過來喝一杯、吃點東西，調酒師則以恰到好處的熱情招呼，讓一天結束在微醺又滿足的時刻。

The Malt 麥村

地　　址
台北市忠孝東路三段 251 巷
8 弄 3 號

營業時間
19:00 ～ 00:00
（週五、六至 1:00）

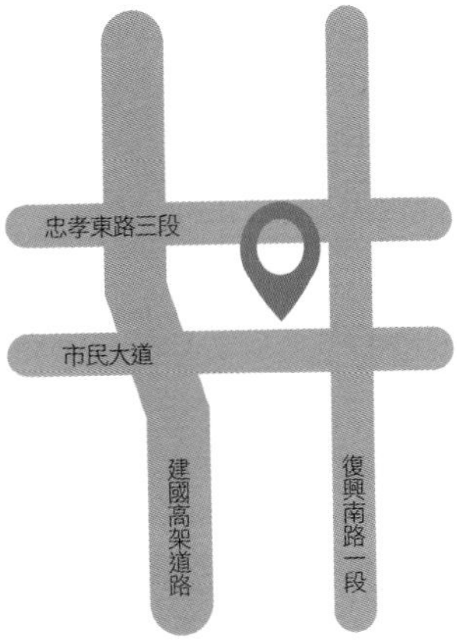

當一群朋友都愛喝酒，但苦於找地方喝、又喝得不盡興時，最後的選擇應該只有開間酒吧來喝——麥村正是如此。有別於一般酒吧，店內所有藏酒放在客人隨手可得的架上，單杯品飲價格則標示在酒瓶後，客人自助式選完之後拿到吧檯，再由服務人員倒酒；威士忌酒款包含高年份、ＩＢ廠、絕版酒、聯名款或包桶等等。而店內除了威士忌之外，還有精釀啤酒和紅白酒，股東們的共同理念就是，希望更多人能以平易近人的價格，賞味各式各樣的酒。

而麥村另一個有別於其他酒吧之處，就是全部都是單杯品飲、沒有調酒的選項。只要有心，每次來到麥村，都可能是一場酒友交流會，如果有機會遇到麥村的股東之一、也是幾乎每晚常駐店內的洪啟銘（洪導），可以盡量和他討論互動，享受和酒友一起賞味品酪的樂趣。

Le Fumoir 威士忌雪茄館

以門口滿眼的盆栽綠意、搭配紅色木門隱身在仁愛敦南圓環後方的公寓一樓，這裡是「Le Fumoir 威士忌雪茄館」。就像生蠔必須搭配煙燻味的威士忌，雪茄也是威士忌愛好者們鍾愛的搭配。

店內的威士忌藏酒多達七、八百瓶，除了數量眾多的OB酒款，也有齊全的IB廠、協會酒和包桶等等酒款；不光是威士忌，店內也有搭配雪茄的葡萄酒和隨季節更換的精釀啤酒，而除了純飲威士忌之外，也有以威士忌為基酒的基本調酒，沒有固定酒單。今天想嘗試哪種風味？想找哪一種慕名已久的酒款？別害羞，請直接和工作人員討論。

在一個轉身就能稍稍遠離喧囂的小小綠洲，端看今日的心情，是想坐在舒適的皮革沙發上獨自享受品飲的樂趣（有時搭配一支上好雪茄）？還是想坐在吧檯與調酒師和其他客人交流賞味的心得？在這個放鬆又愉悅的氛圍中好好充飽電，等待下一次需要前往綠洲的時刻。

地　　址
台北市仁愛路四段 112 巷 3 弄 8 號

營業時間
14:00 ～ 1:00

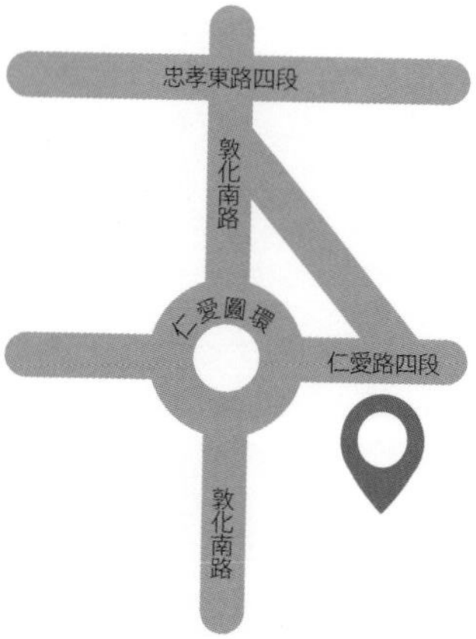

The Alcohol Bar 艾克猴

位在基隆港的海洋廣場旁邊，這裡是全台灣最北的威士忌吧，也是蘇格蘭麥芽威士忌協會台灣分會（SMWS）全台十二家認證夥伴酒吧之一。老闆Eddie曾是往返基隆和台北的通勤上班族之一，由於自身的經驗，深感到希望基隆可以有一家方便住在基隆的通勤族們下班後，能就近前來的酒吧，於是便有了艾克猴的創立。

店內的威士忌有不少獨立裝瓶廠的酒款，還有艾克猴的獨家包桶，而琴酒及蘭姆酒的品項也是相當豐富，在藏酒的總數量上即將破千瓶。除了上述烈酒酒款之外，也有精釀啤酒可選擇。艾克猴的特色之一和後院、The Malt相同：「無酒單」，提出想品飲的方向、希望的風味後，由調酒師根據形容，推薦純飲的酒款或經典調酒。

為了推動基隆在地的品飲文化，艾克猴常常舉辦品飲會，也常邀請其他店家的調酒師來客座，讓客人擴展自己的品飲經驗，甚至在二〇二三年開始和附近的知名日料店合作，推出每日限量的生魚片 日威高球雞尾酒組合。在空氣中混合著些許海港氣味的多雨城市，走進巷弄中的在地酒吧，品飲威士忌的同時，或許還能聽到許多關於基隆的故事。

地　　址
基隆市仁愛區孝二路 93 巷
1 號一樓

營業時間
週一至週四 20:00 ～ 1:00
週五、週六 19:00 ～ 2:00
週日 19:00 ～ 1:00

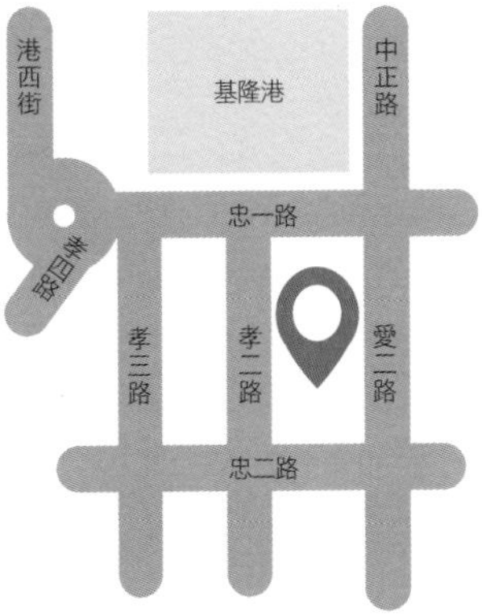

O’my bar

在整排以淺色調為主的店家中，突然冒出帶有異國感的藍色調牆面和大門，外加入夜後更加醒目的烈酒廣告燈箱，正是嘉義的第一家威士忌吧「O’my bar」。許多媒體專訪和酒客心得文，常以「金士曼裁縫店」和「英倫式」風格來形容店內裝潢，就能稍微想像出其中氛圍如何。

酒單對於客人非常的友善，純飲威士忌以十字四象限、劃分為「煙燻（smoky）——細緻（delicate）」和「豐富（rich）——淡雅（light）」，每個象限中則標出不同的威士忌和單杯／整瓶價格；調酒除了經典調酒，還有店家的創意調酒，沒有名稱，只有編號和風味組成；而除了威士忌之外，同時也提供葡萄酒（並有火腿和起司拼盤搭配）和無酒精的飲品，又有基本的餐點，讓很多顧客心得文紛紛大讚這裡是和三五好友聚會的好地方。

O’my bar 也有販售雪茄，店內為此確實地分成吸菸區和禁菸區，讓每一位客人都能感到舒適又愉快。不過，這種友善、方便的店內環境，需要大家一起來維護——酒單的第一頁就寫明了酒吧規範，除了低消、開瓶費、清潔費等基本規則，也希望顧客們在交流聊天時抱持尊重彼此的態度。「Manners maketh man」——正如這句電影中的知名台詞，希望各位酒咖乘興而來、盡興而歸。

地　址
嘉義市西區國華街 322-13 號

營業時間
19:00 ～ 2:00

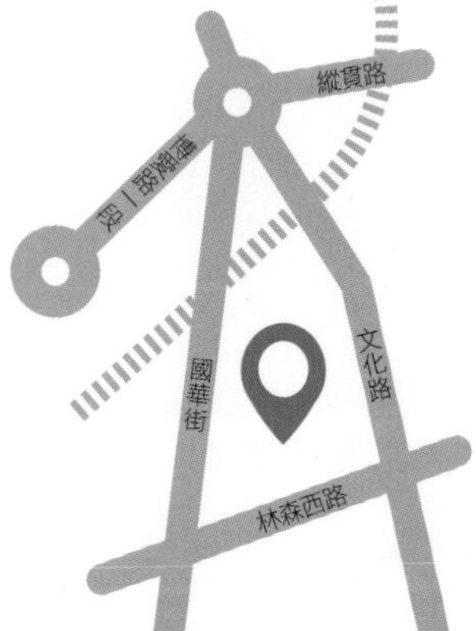

滿足館 073

學會品飲威士忌

產區風土歷史和入門賞味指南，新世代威咖的養成專書

監　　修：栗林幸吉
編輯指導：倉島英昭
譯　　者：葉韋利
責任編輯：賴秉薇
文字協力：楊心怡
封面設計：Rika Su
內文設計、排版：王氏研創藝術有限公司

總 編 輯：林麗文
副總編輯：梁淑玲、黃佳燕
主　　編：高佩琳、賴秉薇、蕭歆儀
行銷總監：祝子慧
行銷企畫：林彥伶、朱妍靜

出　　版：幸福文化／遠足文化事業股份有限公司
地　　址：231 新北市新店區民權路 108-3 號 8 樓
粉 絲 團：https://www.facebook.comhappinessbookrep/
電　　話：（02）2218-1417
傳　　真：（02）2218-8057
發　　行：遠足文化事業股份有限公司（讀書共和國出版集團）
地　　址：231 新北市新店區民權路 108-2 號 9 樓
電　　話：（02）2218-1417
傳　　真：（02）2218-8057
電　　郵：service@bookrep.com.tw
郵撥帳號：19504465
客服電話：0800-221-029
網　　址：www.bookrep.com.tw

法律顧問：華洋法律事務所蘇文生律師
印　　刷：凱林彩印股份有限公司
電　　話：（02）2974-5797
初版一刷：2023 年 10 月
定　　價：550 元

【原書編輯團隊】
協　　力：藤田純子、吉村宗之、西川大五郎、CROSSROAD LAB
撰　　文：藤嶋亜弥、小笹加奈子、岡崎隆奈、川口哲郎
攝　　影：岸田克法
似 顏 繪：Shu-Thang Grafix
照　　片：Shutterstock
書籍設計：山本雅一、関上麻衣子（studio GIVE スタジオギブ）
書輯 DTP：明昌堂
校　　對：株式会社円水社
編　　輯：鈴木太郎

學會品飲威士忌：產區風土歷史和入門賞味指南，新世代威咖的養成專書 / 栗林幸吉 監修，倉島英昭 編輯指導；葉韋利翻譯 . -- 初版 . -- 新北市：幸福文化出版：遠足文化事業股份有限公司發行，2023.10
面；　公分
ISBN 978-626-7311-73-8(平裝)
1.CST: 威士忌酒 2.CST: 品酒
463.834　　112015295
